FORSCHUNGSBERICHTE
DES WIRTSCHAFTS- UND VERKEHRSMINISTERIUMS
NORDRHEIN-WESTFALEN

Herausgegeben von Staatssekretär Prof. Leo Brandt

Nr. 101

Prof. Dr.-Ing. H. Opitz

Wirtschaftlichkeitsbetrachtungen beim Außenrundschleifen

Als Manuskript gedruckt

WESTDEUTSCHER VERLAG / KÖLN UND OPLADEN
1954

ISBN 978-3-663-04038-5   ISBN 978-3-663-05484-9 (eBook)
DOI 10.1007/978-3-663-05484-9

Forschungsberichte des Wirtschafts- und Verkehrsministeriums Nordrhein Westfalen

G l i e d e r u n g

I. Ermittlung der Standzeit beim Schleifen .... S. 5

   1. Einleitung .... S. 5

   2. Das Ausgeben einer Schleifscheibe und ihre zeitliche Veränderung .... S. 6

   3. Beschreibung des Standzeitprüfgerätes .... S. 11

   4. Verschleiß und Profilhaltigkeit der Schleifscheibe beim Genauigkeitsschleifen .... S. 15

   5. Meßergebnisse .... S. 18

   6. Die Profilhaltigkeit der Scheibe und ihre Beziehungen zu den Eingriffsbedingungen .... S. 36

II. Die Kosten beim Maßschleifen .... S. 50

   1. Die veränderlichen Herstellungskosten beim Schleifen .. S. 52

   2. Bearbeitungsbeispiel .... S. 53

   3. Allgemeine Beziehungen zur Durchführung von Kostenanalysen beim Schleifen .... S. 65

Verzeichnis der verwendeten Formelzeichen .... S. 84

Literaturverzeichnis .... S. 86

Forschungsberichte des Wirtschafts- und Verkehrsministeriums Nordrhein Westfalen

I. Ermittlung der Standzeit beim Schleifen

1. Einleitung

Um einen Schleifvorgang kalkulieren zu können, müssen, abgesehen von fixen Kosten, die veränderlichen Kosten bekannt sein. Diese sind von den an der Schleifmaschine einstellbaren Bedingungen abhängig und ergeben sich aus den Kosten für die Bearbeitungszeit des Werkstückes, für die Instandhaltung der Schleifscheiben und für die zum Zerspanen benötigte Energie.

Zweck vorliegender Untersuchung war die Ermittlung der Werkzeugkosten, die ein Teil der Fertigungskosten sind und sowohl für Genauigkeits- als auch Schruppschliff neben den Kosten für die Bearbeitungszeit ausschlaggebend sein können. Bisher stehen hierüber nur unzureichende Unterlagen zur Verfügung, während die Kosten für die Bearbeitungszeit sich leicht berechnen lassen und auch die Energiekosten durch eine große Anzahl grundlegender Versuche mit guter Genauigkeit anzugeben sind. Eine systematische Untersuchung der veränderlichen Kosten ist aber auch deshalb von so großer Bedeutung, weil die Summe aller veränderlichen Kosten bei bestimmten Bedingungen ein Minimum ergibt. Voraussetzung für die Ermittlung der von den Zerspanungsbedingungen abhängigen veränderlichen Werkzeugkosten sind

a) die Definition eines Ausgebekriteriums für Schleifscheiben und die Kenntnis der Zusammenhänge zwischen diesen Ausgebekriterien zu den Zerspanungsbedingungen.

b) die Kenntnis der Zusammenhänge zwischen dem Verschleiß einer Scheibe und den Zerspanungsbedingungen. Denn die Werkzeugkosten sind bedingt durch ein stetiges Verschleißen der Scheibe, deren Substanz so einer Wertminderung unterworfen ist. Außerdem muß die Schleifscheibe nach einer bestimmten Eingriffszeit, der Standzeit, abgerichtet oder profiliert werden. Dadurch fallen Nebenzeiten an, und außerdem gehen hierbei wieder Bestandteile der Scheibe verloren. Die Werkzeugkosten sind somit von der Standzeit und dem Verschleiß einer Scheibe abhängig.

In der nun folgenden Arbeit wird zunächst das Ausgeben einer Schleifscheibe beschrieben. Auf Grund der beobachteten Veränderungen der Schleifscheibe, die als Ursache für das Ausgeben anzusehen sind, wurde ein Gerät entwickelt, mit dem die Standzeit erfaßt werden sollte. Über die mit diesem

Forschungsberichte des Wirtschafts- und Verkehrsministeriums Nordrhein Westfalen

Gerät ermittelten Ergebnisse wird berichtet, und es werden die Beziehungen zwischen Scheibenverschleiß und Zerspanungsbedingungen mitgeteilt.

Die praktische Nutzanwendung von Standzeit- und Verschleißuntersuchungen wird an einem Bearbeitungsbeispiel gezeigt. Dabei konnte für die Standzeit, die sich allein auf Grund der Scheibenveränderung ergibt, auf frühere Versuchsergebnisse zurückgegriffen werden. Nachdem die Kostenanteile im einzelnen ermittelt wurden, ergab sich für die Summe der veränderlichen Kosten ein Minimum.

Schließlich ließen sich die Ergebnisse der Rauhtiefenmessungen am Werkstück mit einbeziehen und damit zwischen den Fertigungskosten und der Werkstückgüte optimale Zerspanungsbedingungen finden. Alle wichtigen Einflußgrößen stehen zur Spanleistung in Wechselwirkung, so daß schließlich eine allgemeine Kostenanalyse durchgeführt werden konnte.

2. Das Ausgeben einer Schleifscheibe und ihre zeitliche Veränderung

Eine mit Diamanten abgerichtete Scheibe, die ein Höchstmaß an Gleichmäßigkeit, sowohl bezüglich des äußeren Gefüges als auch der geometrischen Form besitzt, kann nicht beliebig lange spanend formen, sondern muß nach einer bestimmten Zeit neu abgerichtet werden. Die Schleifzeit zwischen zwei Abrichtevorgängen ist die Standzeit. Bei einschneidigen Werkzeugen ist der Begriff der Standzeit durch eine bestimmte Verschleißgröße definiert. Bei keramischen Werkzeugstoffen wie Schleifscheiben ist eine solche Festlegung noch nicht erfolgt. Denn ein Ausgeben wie bei einem Meißel gibt es infolge der großen Härte von Aluminium-Oxyd oder Silicium-Karbid als Schneidstoff im Gegensatz zu den Werkzeugstoffen für Schleifscheiben nicht.

Die Standzeit einer Schleifscheibe muß daher von dem Schleifergebnis selbst abhängig gemacht werden. Das kann so geschehen, daß eine Mindestgüte der Werkstückoberfläche verlangt wird.

Obwohl die genaueren Vorgänge auf der Oberfläche der Schleifscheibe, im Gefüge und die zeitlichen Veränderungen noch nicht restlos geklärt sind, sollen die wichtigen Zusammenhänge umrissen werden.

Durch den scharfen Diamanten werden die Schneidkörner der Scheibe beim Abrichten zerschnitten, zersplittert oder ausgebrochen. Bei genügender Auswuchtung der Scheibe, die besonders bei breiten Scheiben wichtig ist, liegen alle Schneidkanten auf einer Zylindermantelfläche. Wird beim Abrichten mindestens eine Kornschichtdicke entfernt, dann sind auch die Poren der Scheibe, ihre Leer- und Hohlräume frei von Spänen und Zusätzen und die Scheibe besitzt ein Höchstmaß an Schneidfähigkeit. Die zur Zerspanung eines bestimmten Volumens erforderliche Schnittkraft, tangential und normal, ist relativ klein. Während des Scheifens steigen die Schnittkräfte meist langsam aber stetig an und besitzen zu jedem späteren Zeitpunkt höhere Werte. Mit dem Standzeitprüfgerät ließ sich nachweisen, daß die zur Zerspanung eines bestimmten Volumens erforderliche Vorschubleistung mit der Schleifzeit ansteigt. Die Vorschubleistung, das Produkt aus Normalkraft und Vorschubgeschwindigkeit in radialer Richtung auf die Scheibe zu, ist ein Maß für die mittlere Anpreßkraft und damit für die Schneidfähigkeit. Nach einem bestimmten Spanvolumen steigt die erforderliche Normalkraft an. Dieses ergibt sich aus den Abbildungen 1, 2 und 3, denn die Zeit zum Vorschieben des unter konstanter Vorspannung stehenden Werkstückes um einen festliegenden Betrag von 0,15 - 0,30 mm erhöht sich. Um die gleiche Vorschubgeschwindigkeit zu erreichen, muß die Normalkraft anwachsen.

Zwischen der Normalkraft und Tangentialkraft besteht jedoch eine feste Relation, und wenn die Kraft P_2 (Normalkraft) ansteigt, muß auch die Kraft P_1 (Tangentialkraft) zunehmen (Abb. 4). Die Abstumpfung der Körner, das Zusetzen der Poren mit Spänen und die Schnittkraft steigen nun so lange an, bis ein Splittern oder Ausbrechen der Schneidkörner erfolgt. Dieses Splittern oder Ausbrechen der Schneidkörner wird mit Selbstschärfung bezeichnet. Die Selbstschärfung läßt sich teilweise verfolgen, wenn in Dauerversuchen die Umfangkräfte laufend gemessen werden. Bestimmte Gesetzmäßigkeiten für die zeitliche Veränderung der Schnittkräfte konnten hierbei bisher noch nicht gefunden werden. Abbildung 5 zeigt für verschiedene Schleifscheibengeschwindigkeiten von 28 und 15 m/sec unter sonst konstanten Bedingungen den Schnittkraftverlauf als Funktion der Zeit. Immer wenn ein Abfall der Schnittkraft eintritt, handelt es sich wahrscheinlich um eine Selbstschärfung. Es sind stumpf gewordene Körner ausgebrochen, sie haben darunter liegende scharfe Körner freigegeben, so daß sich hieraus ein Abfall der Schnittkraft um einen gewissen Betrag ergibt.

Ähnliche Untersuchungen, wie hier für die Schnittkräfte, sind auch für die Rauhtiefen angestellt. Dabei zeigt sich jedoch nach dem Abrichten der

Forschungsberichte des Wirtschafts- und Verkehrsministeriums Nordrhein-Westfalen

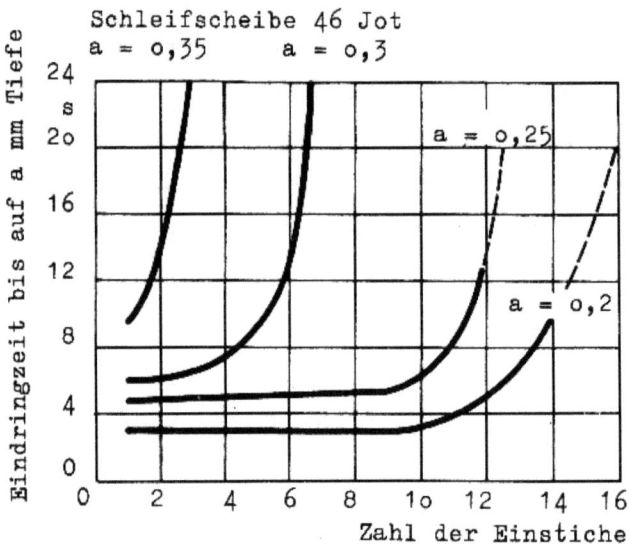

Abbildung 1

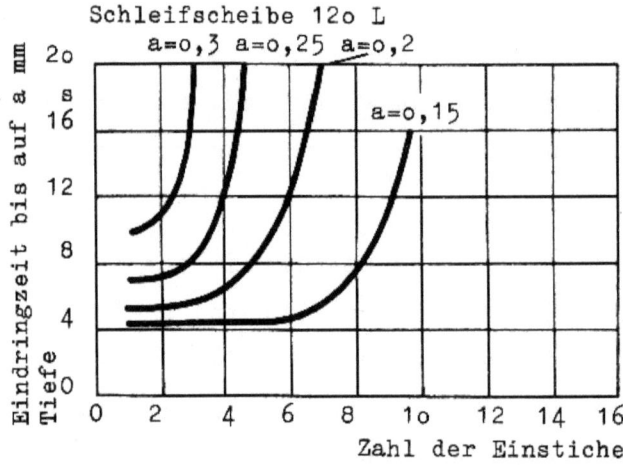

Abbildung 2

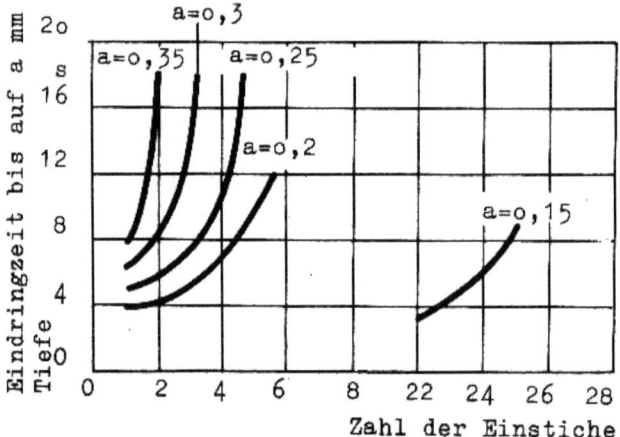

Abbildung 3

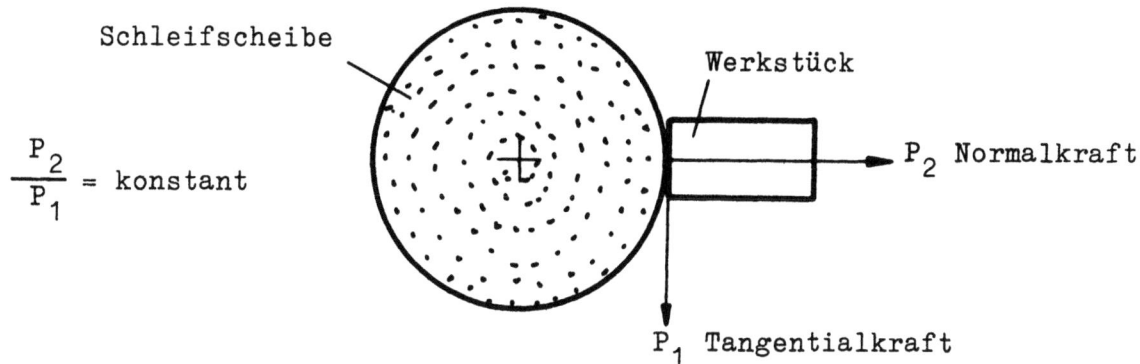

Abbildung 4
Schnittkräfte beim Schleifen

Schleifscheibe eine fallende Tendenz (Abb. 6). Die große Rauhtiefe zu Beginn unmittelbar nach dem Abrichten läßt sich aus den zackigen und scharfen Schneidkörnern der Schleifscheibe ableiten.

Nach dem Abfall der Rauhtiefe als Funktion der Schleifzeit, nachdem die Körner sich geglättet und abgestumpft haben, tritt meist eine konstante Rauhtiefe auf und erst später steigt die Rauhtiefe mehr oder weniger langsam wieder an (Abb. 7).

Das Ansteigen der Rauhtiefe läßt sich erklären, denn die Selbstschärfung setzt jeweils nur an bestimmten Stellen der Schleifscheibe ein und nicht auf einmal und gleichmäßig über die gesamte Scheibe, so daß die Scheibe allmählich an geometrischer Formgenauigkeit einbüßt. Sie schlägt, drückt, erzeugt Rattermarken, auch die Kornabstände können unregelmäßiger werden. Die Rauhtiefen werden vergrößert.

Daraus läßt sich eine Standzeitdefinition ableiten. Es wird das Höchstmaß der zulässigen Rauhtiefe am Werkstück resultierend aus der zeitlichen Veränderung der Scheibe festgelegt. Hierüber wurde bereits berichtet (1). Eine solche Standzeitdefinition kann jedoch nur für ein Schleifen in Frage kommen, bei dem die Profilhaltigkeit der Schleifscheibe keinen Ausschlag gibt.

Beim Einstech- oder Profilschleifen (Abb. 8), ein Verfahren mit zunehmender Bedeutung, kommt es oft auf die Profilhaltigkeit der Scheibe an. In solchen Fällen kann die Profilhaltigkeit bereits unterschritten sein,

Forschungsberichte des Wirtschafts- und Verkehrsministeriums Nordrhein Westfalen

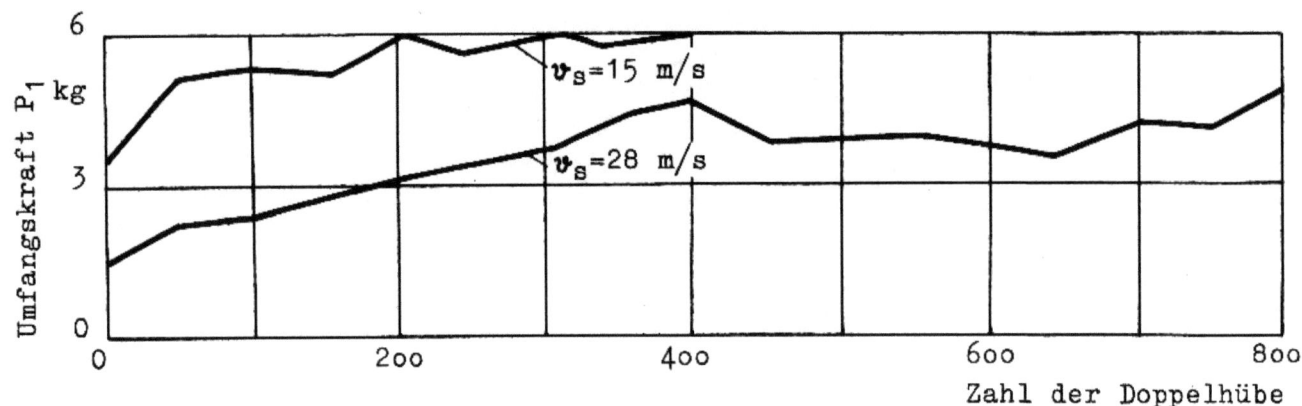

Abbildung 5

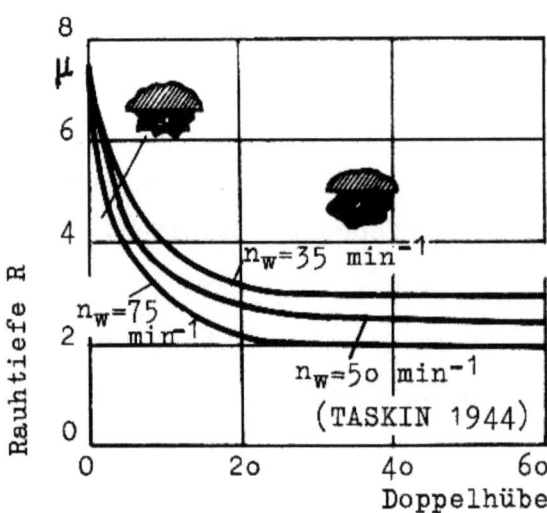

Abbildung 6

$v_T = 0,6$ m/min; $a = 4,5$ μ/Hub; $v_s = 35$ m/s

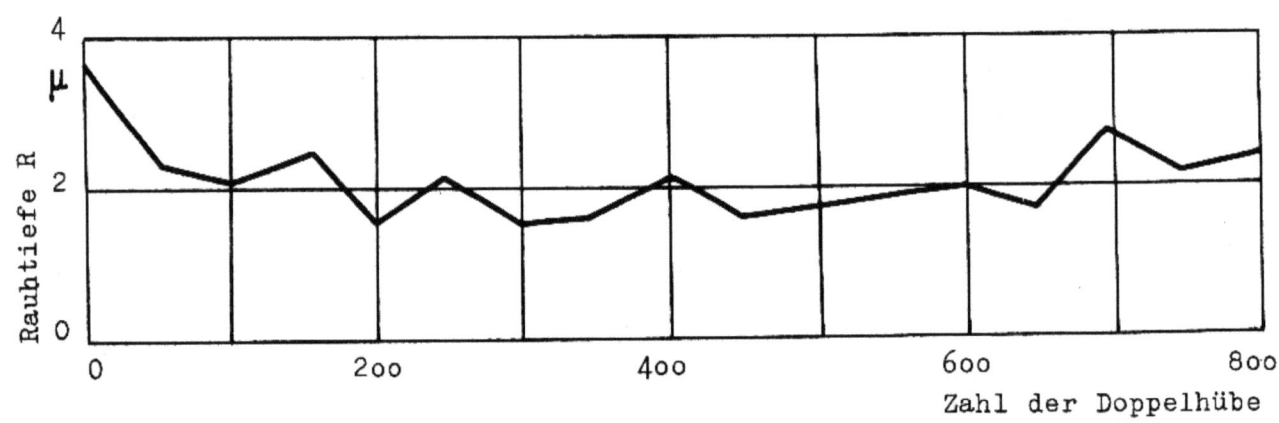

Abbildung 7

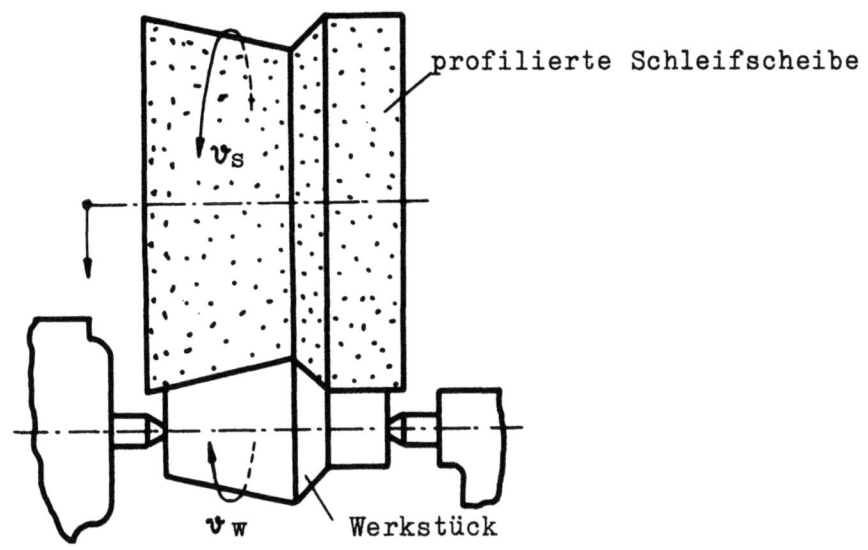

Abbildung 8
Profilschleifen

obwohl der übrige Scheibenzustand eine längere Schleifdauer zugelassen hätte. Hierfür wird dann eine Standzeit definiert als diejenige Zeit, in welcher die Scheibe ihr Profil mit genügender Genauigkeit beibehält. Das Standzeitprüfgerät war zum Messen der Profilhaltigkeit vorgesehen. Es konnte jedoch außerdem mit dem Standzeitprüfgerät der Scheibenverschleiß in einer bisher nicht erzielten Genauigkeit mit Hilfe des Oberflächenmeßgerätes von Leitz nach Forster gemessen werden. Darüber hinaus ließen sich, wie die Abbildungen 1, 2 und 3 bereits zeigten die Abstumpfungsvorgänge teilweise mit ihm ermitteln.

3. Beschreibung des Standzeitprüfgerätes

Die Abbildungen 9 und 10 zeigen das Prüfgerät fest montiert auf dem Tisch einer Schleifmaschine. Man erkennt auf Abbildung 9 den Aufbau des Gerätes. Das Vorderteil des reibungsfrei in Blattfedern im Gehäuse gelagerten Schiebers kann ein dünnes Blech hochkant oder eine plan-geschliffene Platte aufnehmen. Die zur Führung benötigten Blattfedern des Schiebers dienen gleichzeitig zum Vorspannen. Mit einem Hebel wird der Schieber gegen die Blattfeder gespannt. Der Weg oder Hub des Schiebers wird dabei mit dem zweiten Hebel eingestellt. Beim Ausklinken wird der Schieber mit einer konstanten Kraft von 9 kg um den eingestellten Hub vorgeschoben. Mit Hilfe einer am rückwärtigen Teil des Gerätes befestigten

Abbildung 9
Standzeitprüfgerät mit schmaler Prüfplatte

Abbildung 10
Standzeitprüfgerät mit Planplatte

Meßuhr wird der Hub kontrolliert. Abbildung 11 zeigt das Gerät schematisch.

Die Schnittfähigkeit der Scheibe wird gemessen, indem die geschliffene Platte an die Scheibe gebracht wird bis die ersten Schleiffunken auftreten.

Nach Ausklinken des Schiebers drückt dieser die Prüfplatte um den eingestellten Hub unter konstanter Anpreßkraft in die Scheibe. Die Zeit bis

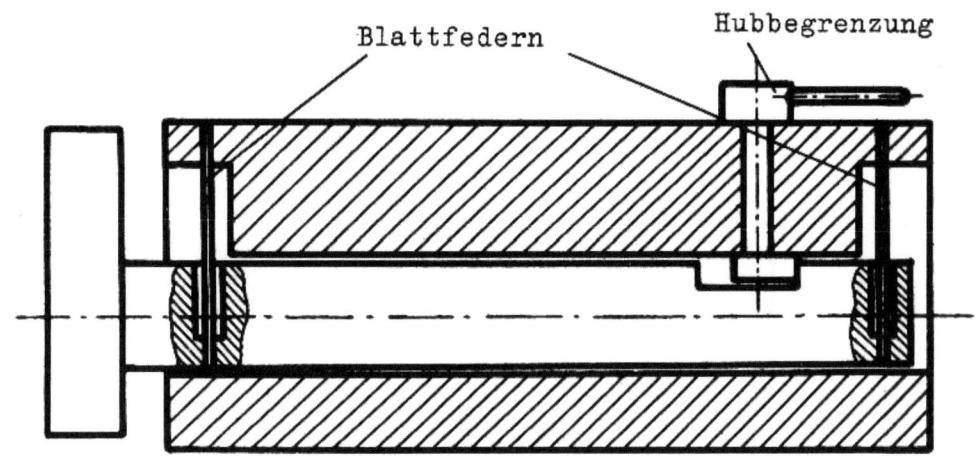

Abbildung 11
Schema des Standzeitprüfgerätes

zum Eindringen ist ein Maß für die Schnittfähigkeit. Die Abbildungen 1 bis 3 geben zu erkennen, daß mit der Anzahl der Messungen die benötigte Zeit ansteigt. Die Anzahl der Messungen ist ein Maß für das von der Scheibe zerspante Werkstoffvolumen, denn bei jedem Eindringen wird ein Zylinderabschnitt nach Abbildung 12 zerspant.

Bei einem größeren Hub steigt das Volumen an. Die in den Abbildungen 1, 2 und 3 aufgetragenen Kurven würden über dem zerspanten Volumen näher zusammenrücken. Die Streuungen bleiben jedoch trotzdem groß, so daß man nicht in der Lage ist, auf die Standzeit der Scheibe zu schließen, falls die Scheibe durch Abstumpfen und nicht durch Verschleiß oder Profilhaltigkeit ausgibt. Beim Ausgeben einer Schleifscheibe durch ungenügende Schnittfähigkeit kann man dabei auf Rauhtiefen- und Schwingungsmessungen nicht verzichten.

Der Verschleiß der Scheibe und ihre Profilhaltigkeit hingegen konnten mit Hilfe des Standzeitprüfgerätes gemessen werden. Die Genauigkeit der Messung geht so weit, daß sich auch der zeitliche Verlauf des Verschleisses und der zeitliche Verlauf der Kantenabnutzung erfassen läßt.

Beim Messen des Scheibenprofils oder des Verschleißes wird ein dünnes Blech, wie in Abbildung 9, hochkant auf dem Schieber befestigt und in die Scheibe gefahren. Die Kontur der Scheibe bildet sich sodann auf dem Blech ab (Abb. 13).

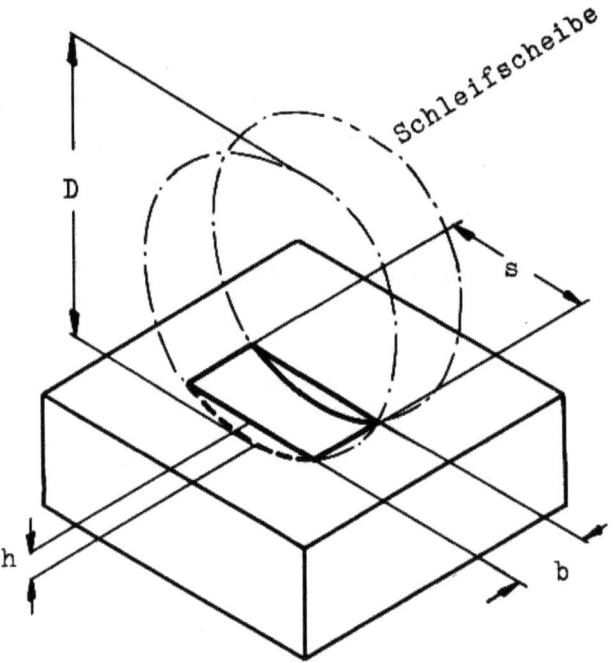

Abbildung 12
Spanvolumen beim Einstechschleifen

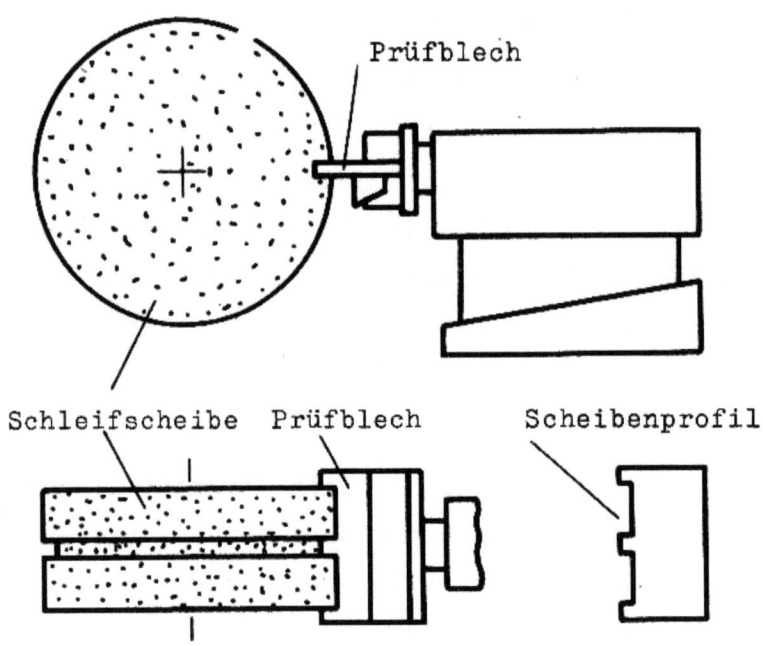

Abbildung 13
Messung der Profilhaltigkeit der Scheibe

Der Verschleiß und die Kantenfestigkeit einer Scheibe sind im Zusammenhang mit einer Gesamtbetrachtung des Schleifens von großer Bedeutung.

Forschungsberichte des Wirtschafts- und Verkehrsministeriums Nordrhein Westfalen

4. Verschleiß und Profilhaltigkeit der Schleifscheiben beim Genauigkeitsschleifen

Eine harte Schleifscheibe besitzt einen größeren Widerstand gegen das Ausbrechen oder Absplittern von Schneidkörnern als eine weiche. Außerdem bewahrt sie sich unter den Schleifkräften längere Zeit ihre Formgenauigkeit als eine unter sonst gleichen Bedingungen arbeitende weiche Scheibe.

Diese an sich wünschenswerten Eigenschaften stehen einer Reihe unerwünschter gegenüber.

Eine relativ harte Scheibe kann einen Teil ihrer Schleiffähigkeit einbüßen, weil sie nicht so stark verschleißt und sich dadurch weniger selbst schärfen kann.

Die Schneidkörner einer Scheibe splittern, stumpfen ab und die zur Abtrennung des gleichen Spanvolumens erforderliche Normalkraft (Abdrängkraft) erhöht sich umso mehr, je länger die Scheibe im Schnitt ist. Die Scheibe drückt; das Drücken führt zu Reibschwingungen und Rattermarken, ungleichmäßiger Abnutzung und zum Schlagen der Scheibe, zu hoher Werkstückerwärmung und eventuell zu Schleifrissen. Eine zu harte Scheibe schleift sich nicht frei und muß ebenso nach bestimmter Zeit abgerichtet werden wie eine weiche. Zwischen den beiden extremen Eigenschaften einer Schleifscheibe, zu hart und zu weich, liegt die optimale Härte, die ihrerseits wiederum von Werkstückstoff, Kühlmittel und den Eingriffsbedingungen abhängt.

Die Eingriffsbedingungen - Zustellung, Seitenvorschub, Werkstück- und Schleifscheibengeschwindigkeit - <u>können die Scheibe härter und weicher, die Standzeit einer Scheibe länger und kürzer werden lassen.</u>

Die Beziehungen zwischen dem Scheibenverschleiß, der Profilhaltigkeit und den Eingriffsbedingungen bilden mit den Standzeitversuchen die Grundlage zur Kostenanalyse des Schleifproblems.

Das Ändern der Eingriffsbedingungen ergibt eine beliebig große Kombinationsmöglichkeit der Einflußgrößen und eine übermäßig hohe Zahl von Versuchen. Um die grundlegenden Gesetzmäßigkeiten beim Schleifen zu erkennen, wurde nach umfangreichen Versuchen die Ähnlichkeitsmechanik angewandt. Es konnten damit wichtige Aussagen getroffen werden, die in grossen Bereichen ihre Gültigkeit behalten und die Grundlage zu weiteren Untersuchungen bilden.

Forschungsberichte des Wirtschafts- und Verkehrsministeriums Nordrhein Westfalen

Der Schleifscheibenverschleiß, sowie die Standzeit sind als analytische Funktion mehrerer Einflußgrößen erfaßbar. Sie sind neben der Wirkrauhtiefe die zur Charakterisierung der Scheibe wichtigsten Einflußgrößen.

Es kann gezeigt werden, daß die Werkzeugkosten mit größerer Spanleistung ansteigen, im Gegensatz zu den mit der Spanleistung fallenden Kosten für die Bearbeitungszeit. Die Summe der von den Eingriffsbedingungen abhängigen Kostenanteile ergibt also auch beim Schleifen für eine bestimmte Spanleistung ein Minimum.

Der Verschleiß einer Schleifscheibe kann als Funktion der Schleifzeit oder als konstanter gemittelter Betrag für eine bestimmte Zeit gemessen werden.

Im ersten Fall ist bezüglich der Meßmittel ein größerer Aufwand erforderlich, da die Meßgenauigkeit höher liegen muß, als im zweiten, wo ein geringerer Aufwand genügt.

Während einer Standzeit ist meist soviel an Scheibenvolumen verloren gegangen, daß schon mit einer Meßuhr eine genügend genaue Messung des Verschleißes möglich ist. Je länger die Standzeit, je mehr Volumen bezogen auf die Scheibenbreite verloren geht, umso genauer und sicherer wird die Messung. Abbildung 14 zeigt die für diese Messung erforderliche Anordnung von zwei Meßuhren, die im Differenzverfahren arbeiten. Eine Uhr fährt gegen einen definierten Anschlag, die andere gegen die Schleifscheibe. Diese einfache Messung ließ erkennen, daß die Schleifscheibe nicht immer rund bleibt, sondern unter Umständen zu einem Exzenter oder Vieleck wird. Die Unrundheit macht sich nach längerer Schleifzeit auch durch Auftreten von Rattermarken bemerkbar, ein Teil von ihnen besitzt die Frequenz der Scheibendrehzahl.

Die Durchmesserabnahme der Schleifscheibe wird aus mehreren am Umfang gemessenen Beträgen gemittelt und das verschlissene Volumen ergibt sich zu:

$$Vol_s = \Delta r_s \cdot b_s \cdot d_s \cdot \pi$$

$b_s \cdot d_s \cdot \pi$ ist die abgewickelte Scheibenoberfläche und Δr_s die mittlere Radiusabnahme.

Das Werkstoffvolumen, welches während dieser Zeit zerspant wird, erhält man als Produkt aus Schleifzeit und Spanleistung. $Vol_w = t \cdot Vol_w$

Abbildung 14
Messung des Scheibenverschleißes mit 2 Meßuhren

Dabei ist angenommen, daß die Spanleistung konstant und unabhängig von der Zeit ist. Zur Kennzeichnung der Verschleißgröße hat sich der spezifische Scheibenverschleiß als wichtige Kenngröße für eine Schleifscheibe eingeführt. Auch hierbei ist zu unterscheiden zwischen einem mittleren spezifischen Scheibenverschleiß, der sich auf eine längere Zeit bezieht und einem zeitabhängigen spezifischen Schleifscheibenverschleiß. Der erste ergibt sich aus der Formel

$$S = \frac{Vol\ s}{Vol\ w} = \frac{\text{verschlissenes Scheibenvolumen pro Schleifzeit}}{\text{zerspante Werkstoffmenge für die gleiche Schleifzeit}}$$

Der zeitabhängige spezifische Schleifscheibenverschleiß wird vor allem durch den zeitabhängigen absoluten Schleifscheibenverschleiß beeinflußt; denn die Zerspanung des Werkstoffes kann als proportional mit der Zeit angesehen werden.

Forschungsberichte des Wirtschafts- und Verkehrsministeriums Nordrhein Westfalen

Beim Abtasten des Prüfblechprofiles vom Standzeitprüfgerät kann mit dem Rauhtiefenmeßgerät Leitz/Forster eine Genauigkeit von 1 μ bezüglich Profil und Durchmesserabnahme erreicht werden. Größere Meßunsicherheiten treten auf, wenn die Scheibe sich stark unrund abgenutzt hat, was jedoch nur bei großen Härteunterschieden innerhalb der Scheibe der Fall ist, oder wenn die Wirkrauhtiefe der Scheibe so groß ist, daß man keine saubere Kontur des Prüfbleches erhält.

5. Meßergebnisse

Der Verschleiß einer Schleifscheibe ist eine Folge der an der Scheibe angreifenden Zerspanungskräfte. Zerspanungskräfte und Verschleiß stehen daher in einer gewissen Wechselwirkung zueinander. Grundlegende Verschleißversuche wurden erst in Angriff genommen, nachdem der Zusammenhang zwischen Zerspanungskräften und den Eingriffsbedingungen beim Schleifen geklärt war (2).

Sobald die Zerspanungskraft ansteigt, muß auch der Verschleiß der Scheibe zunehmen. Die Zerspanungskräfte steigen unter sonst gleichen Bedingungen mit der Zustellung, dem Seitenvorschub und der Werkstückgeschwindigkeit an und fallen mit der Schleifscheibengeschwindigkeit ab. Der Verschleiß verhält sich qualitativ ebenso, er steigt mit dem Momentanspanquerschnitt $q = \dfrac{a \cdot s \cdot v_w}{v_s}$ an. Der Momentanspanquerschnitt steht in direktem Verhältnis zur Spanleistung. Zustellung, Seitenvorschub und Werkstückgeschwindigkeit haben die umgekehrte Wirkung auf den Verschleiß wie die Schleifscheibengeschwindigkeit. Eine Scheibe mit geringerem Verschleiß wirkt härter oder wird als härter beurteilt, als eine mit höherem Verschleiß.

Meist wird jedoch nur über zunehmende Härtewirkung mit der Schleifscheibengeschwindigkeit v_s berichtet; Zustellung a, Seitenvorschub s und Werkstückgeschwindigkeit v_w sind nicht erwähnt, bewirken aber das Gegenteil. Sie lassen die Scheibe unter sonst gleichen Bedingungen "weicher" werden. Hieraus ergibt sich der Schluß, daß auch durch Änderung der Eingriffsbedingungen die Schleifscheibe in gewissem Maße den optimalen Bedingungen angepaßt werden kann. Im Gegensatz dazu werden meist noch für bestimmte Bedingungen die richtigen Scheiben gewählt.

Die Meßwerte beziehen sich auf einen Mittelwert des spezifischen Verschleißes über eine längere Schleifzeit. Wie die Versuche gezeigt haben, steigt die Schnittkraft unter sonst konstanten Bedingungen mit der Zustellung ebenfalls an, und daher muß auch der Verschleiß zunehmen infolge der größeren Beanspruchung der einzelnen Schleifkörner.

Die Kraft geht jedoch nicht proportional mit a sondern mit einem Exponenten von etwa 0,5. Eine Verdoppelung von a bewirkt sodann eine 1,4-fache Schnittkraft. Der progressive Anstieg des Verschleißes nach Abbildung 15 über der Zustellung weist auf eine größere Abhängigkeit des Verschleißes von der Kraft hin. Denn der Verschleiß steigt quadratisch oder einem noch höheren Exponenten mit der Zustellung an.

Die Überschliffzahl muß demgegenüber eine entgegengesetzte Tendenz ergeben, was durch Abbildung 16 bestätigt wird. Eine größere Überschliffzahl $b_s/s = B \cdot n_w/v_T$ ergibt sich bei gleicher Schleifscheibe und Werkstückdrehzahl durch kleineren Seitenvorschub.

Die Abhängigkeit des Scheibenverschleißes von der Werkstückgeschwindigkeit verläuft ähnlich wie über der Zustellung a (Abb. 17). Der Verschleiß nimmt ebenfalls beträchtlich zu, besonders bei Verwendung einer Emulsion im Gegensatz zu Öl als Kühlmittel. Der Absolutbetrag des Verschleißes kann unter sonst gleichen Bedingungen bei Öl etwa um eine Zehnerpotenz tiefer liegen als bei Emulsion. Mit diesem Ergebnis allein läßt sich über die Eignung als Schmier- und Kühlmittel jedoch wenig aussagen, wenn nicht die Standzeit, Kantenfestigkeit und Kühlwirkung berücksichtigt werden.

Die entgegengesetzte Wirkung, nämlich eine Verminderung des Verschleißes läßt sich durch eine höhere Schleifscheibengeschwindigkeit erreichen (Abb. 18). Mit der Schleifscheibengeschwindigkeit geht der Verschleiß zurück.

Trotzdem dürfte es keinen Erfolg bringen, die Schleifscheibengeschwindigkeit bei keramisch gebundenen Scheiben weit über die gewöhnlichen Bereiche von 30 bis 35 m/s hinaus zu erhöhen. Höhere Drehzahlen bringen höhere dynamische Belastungen und stärkere Unwuchten. Verschleiß, Rauhtiefen und Standzeiten verbessern sich nur wesentlich von einer bestimmten Höhe der Geschwindigkeit ab, so daß sich auch für die Geschwindigkeit ein Optimum ergibt.

Die Abbildungen 19 und 20 bestätigen die bisher zitierten Zusammenhänge und enthalten außerdem Einflüsse, die unter sonst konstanten Bedingungen von den Werkstoffen und der Schleifscheibe auf den Verschleiß ausgeübt

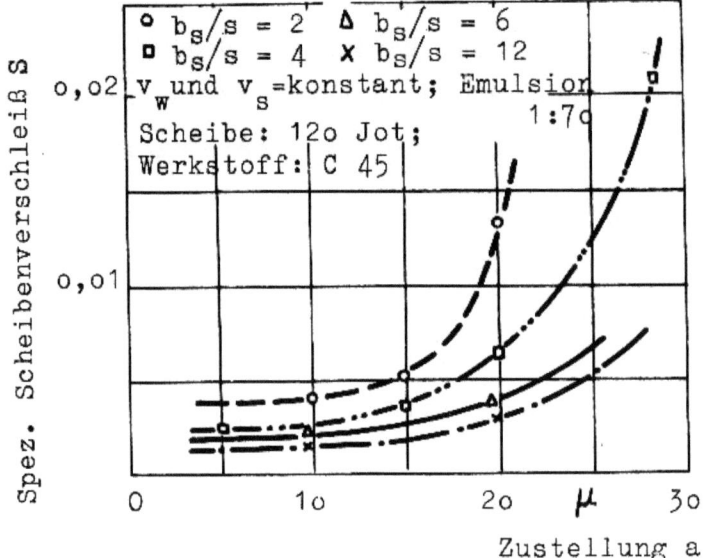

Abbildung 15

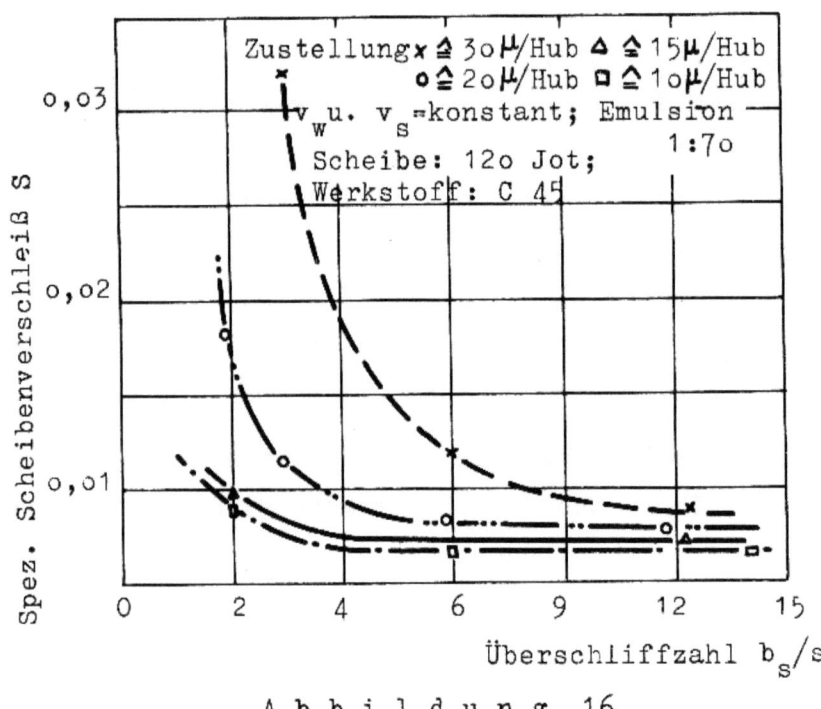

Abbildung 16

werden. Bei gleichem Werkstoff zeigt Abbildung 19 den Einfluß der Scheibenkörnung über dem Produkt aus Zustellung und Seitenvorschub auf den Verschleiß. Bei gleicher Härte bewirkt die feinere Körnung einen höheren Verschleiß. Die Scheibe 46 Jot müßte an sich mit ihrem Verschleiß unterhalb der Scheibe 60 Jot liegen, da feinere Körnungen die Scheiben im allgemeinen weicher erscheinen lassen trotz geringerer Umfangskraft als bei grobkörnigen Scheiben unter sonst konstanten Bedingungen.

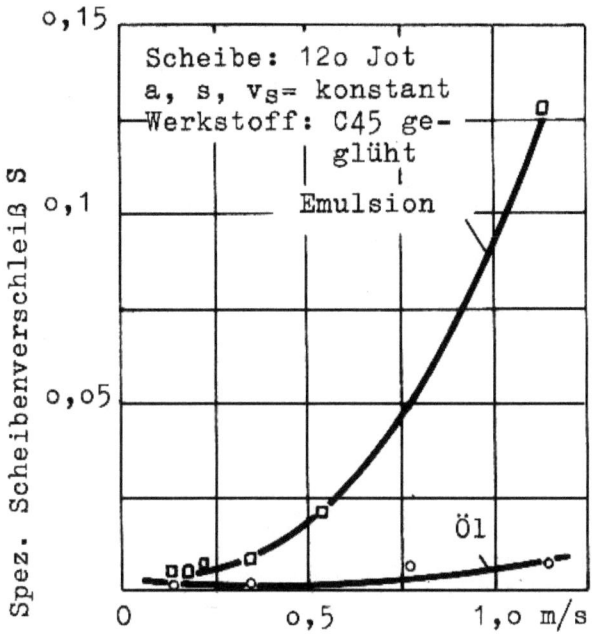

Abbildung 17

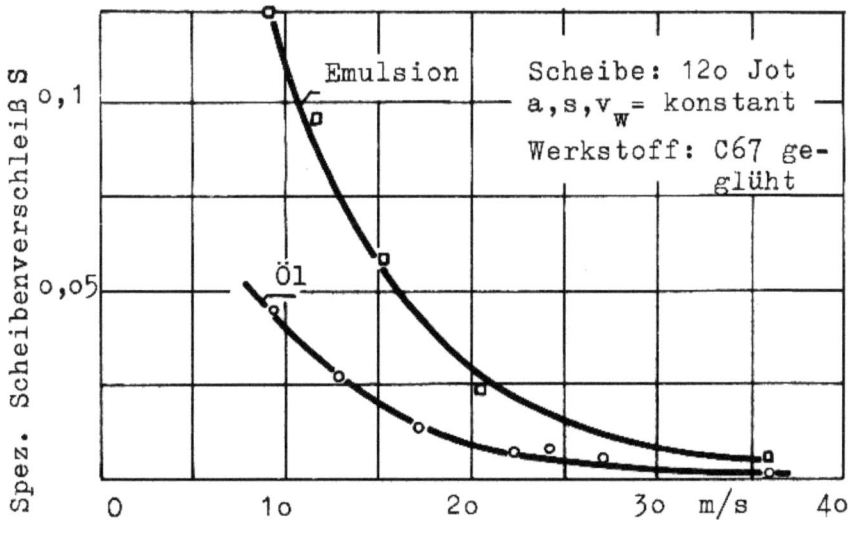

Abbildung 18

Die Werkstück- und Schleifscheibengeschwindigkeiten blieben für Abbildung 19 und 2o unverändert. Abbildung 2o zeigt verschiedene Werkstoffe als Paramter über dem Produkt a · s. Die Werkstoffe C 67 (1) und C 67 (2) entstammen verschiedenen Chargen; es ergibt sich für die höher gekohlten und gehärteten Werkstoffe ein höherer Verschleiß in Übereinstimmung mit den Umfangkräften als Funktion des Produktes a · s.

Eine "weiche" Scheibe ergibt einen höheren Verschleiß als eine "härtere" (Abb. 19). Unter Hinweis auf die vorliegenden Ergebnisse läßt sich sagen, daß eine weiche Scheibe höhere, eine harte Scheibe geringere Umfangskräfte erzeugt.

Es besteht aber nicht nur zwischen den Umfangkräften und dem Verschleiß eine Wechselwirkung, sondern ein ähnlicher Zusammenhang kann auch zur Werkstückrauhtiefe hergeleitet werden. Große Rauhtiefen stellen sich meist bei hohen Umfangskräften und damit bei weich-wirkenden Scheiben ein. Harte Schleifscheiben erzeugen meist eine geringere Rauhtiefe. Voraussetzung für eine solchen Vergleich ist äußere geometrische Formgenauigkeit bei harten und weichen Scheiben.

Der momentane Spanquerschnitt $q = \frac{a \cdot s \cdot v_w}{v_s}$ ist eine wichtige Einflußgröße, er wurde von Kurrein abgeleitet (7), ergab sich aber auch unabhängig davon mit Hilfe der Ähnlichkeitsmechanik bei allen Ableitungen für die Kenngrößen.

Als Funktion des Momentanspanquerschnittes lassen sich die wichtigsten Komponenten des Schleifvorganges darstellen: Umfangkräfte, Rauhtiefen, Standzeiten und spezifischer Scheibenverschleiß. Abbildung 21 zeigt den spezifischen Scheibenverschleiß als Funktion der größten theoretischen Spanstärke nach Messungen von W. WOLFRAM. Die größte theoretische Spandicke h_g ist eine Größe, die qualitativ mit der Zustellung und Korngrösse, sowie dem Verhältnis von Werkstück- zu Schleifscheibengeschwindigkeit ansteigt, sie berücksichtigt fernerhin die Krümmung von Werkstück und Schleifscheibe.

Die Abbildungen 21 a und b zeigen über dieser Größe einen starken Anstieg des spezifischen Verschleißes, das bedeutet eine qualitative Übereinstimmung mit den Abbildungen 15, 16, 17 und 18, denn auch dort stieg der Verschleiß an. Weiterhin zeigt sich hier der Einfluß der Scheibenhärte und des Werkstoffes im gleichen Sinne. Größere Scheibenhärten unter sonst gleichen Bedingungen bewirken einen geringeren Verschleiß.

Allgemeingültiger als bisher erhält man die Zusammenhänge zwischen dem spezifischen Verschleiß und den Eingriffsbedingungen unter Anwendung der

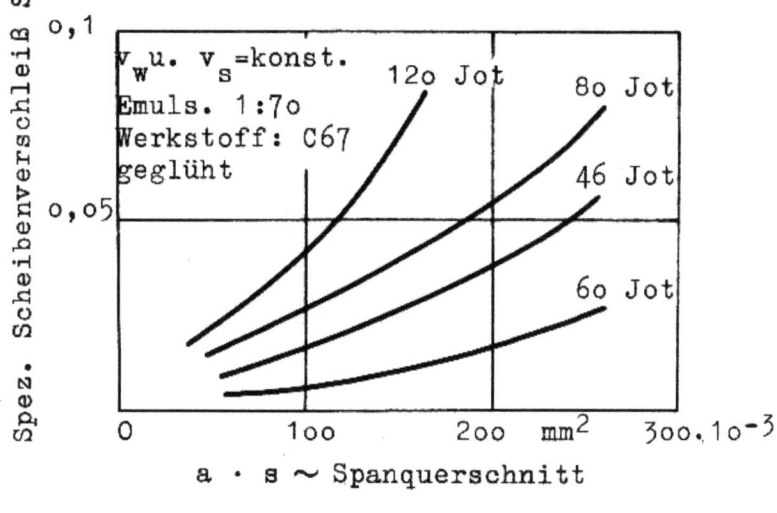

Abbildung 19

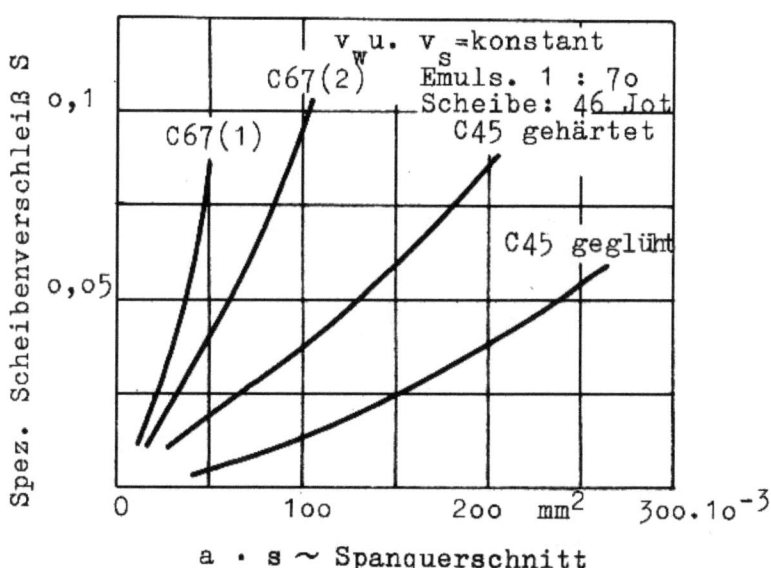

Abbildung 20

Ähnlichkeitsmechanik. Die damit gefundenen Kenngrößen enthalten jeweils eine Anzahl wichtiger Einflußgrößen zusammengefaßt und kombiniert. Aus der Art dieser Kombination ist ersichtlich, in welcher Weise sich die Kenngrößen bei Variation einer oder mehrerer Einflußgrößen ändert. Existieren zwischen zwei Kenngrößen Kennfunktionen, so lassen sich diese algebraisch nach einer Einflußgröße auflösen. Es entsteht eine mathematische Beziehung. Derartige Beziehungen konnten für Rauhtiefen und Kräfte zu den Eingriffsbedingungen gefunden werden. Aber auch der Scheibenverschleiß läßt sich in so allgemeiner Form darstellen.

Abbildung 22 zeigt, wie der spezifische Verschleiß als Funktion der

Kenngrößen Q_2 ansteigt. Die Kenngröße Q_2 ist das Verhältnis von Schubfestigkeit des zerspanten Werkstoffes zur spezifischen Schnittkraft. Die spezifische Schnittkraft beim Schleifen ergibt sich zu

$$k_s = \frac{P_t \cdot v_s}{a \cdot s \cdot v_w}$$

Die im doppeltlogarithmischen Liniennetz dargestellte Abbildung 22 läßt einen linearen Zusammenhang zwischen Q_2 und der Kenngröße S, dem spezifischen Schleifscheibenverschleiß erkennen.

Bedingungen für eine derartige Auswertung im Kennfeld $S - Q_2$ ist jedoch, daß die Umfangkraft P_1 gemessen wird. Man umgeht das, wenn man den spezifischen Scheibenverschleiß über der Kenngröße Q_1 aufträgt. Hierzu ist es nicht mehr nötig, die Umfangkraft zu messen.

Die Kenngröße Q_1 ist dem Momentanspanquerschnitt umgekehrt proportional. Sie ergibt sich zu

$$Q_1 = \frac{\lambda}{\sqrt{q}} = \lambda \cdot \sqrt{\frac{v_s}{a \cdot s \cdot v_w}}$$

λ = mittlerer Kornabstand der Schleifkörner

Bei großen Spanleistungen erhalten wir eine kleine Kenngröße Q_1, bei kleinen Spanleistungen eine große. Man erkennt in Abbildung 23, wie mit Q_1 der spezifische Scheibenverschleiß abfällt. Verschiedene Kühlmittel ergeben einen deutlichen Unterschied. Bei Emulsionen ist hier unter sonst gleichen Bedingungen der Verschleiß etwa 5 mal so groß wie bei Anwendung von Öl als Kühlmittel.

Auf Grund der Linearität zwischen Q_1 und S, die auch bei dieser Auswertung gewahrt ist, läßt sich eine Formel für den spezifischen Verschleiß anschreiben. Sie lautet:

$$S = \frac{Vol\ s}{Vol\ w} = c \cdot \left(\frac{\lambda}{\sqrt{q}}\right)^n = c_2 \cdot q^{-\frac{n}{2}}$$

Der allgemeingültige Zusammenhang zwischen dem spezifischen Verschleiß und der Kenngröße Q_1 geht aus Abbildung 24 hervor. Hier sind die verschiedensten Versuchsergebnisse eingetragen, für Längsschleifen bei Verwendung verschiedener Öle, für Flach- und Einstechschleifen, für unlegierten sowie legierten Stahl, und schließlich sind Versuchsergebnisse von PAHLITZSCH ausgewertet.

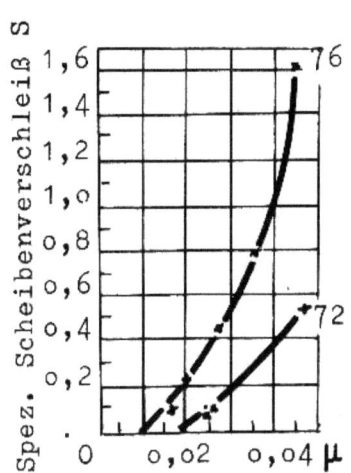

größte theoretische Spandicke h_g

Abbildung 21a

(nach Versuchen von Wolfram)

Werkstoff: 60 kg/mm²

Korn 80 und verschiedene

Scheibenhärten 76 weich

72 hart

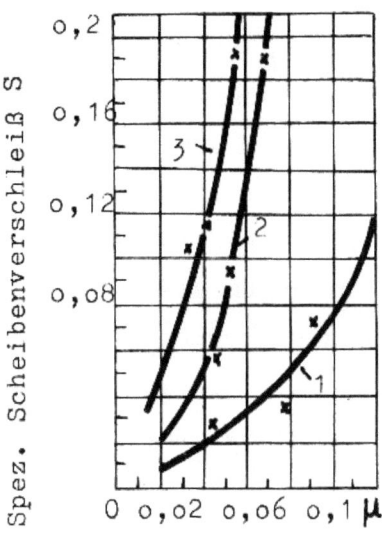

größte theoretische Spandicke h_g

Abbildung 21b

(nach Versuchen von Wolfram)

Werkstoff:

1 = 60 kg/mm²

2 = 115 kg/mm²

3 = 215 kg/mm²

Schleifscheibe 72, Korn 80

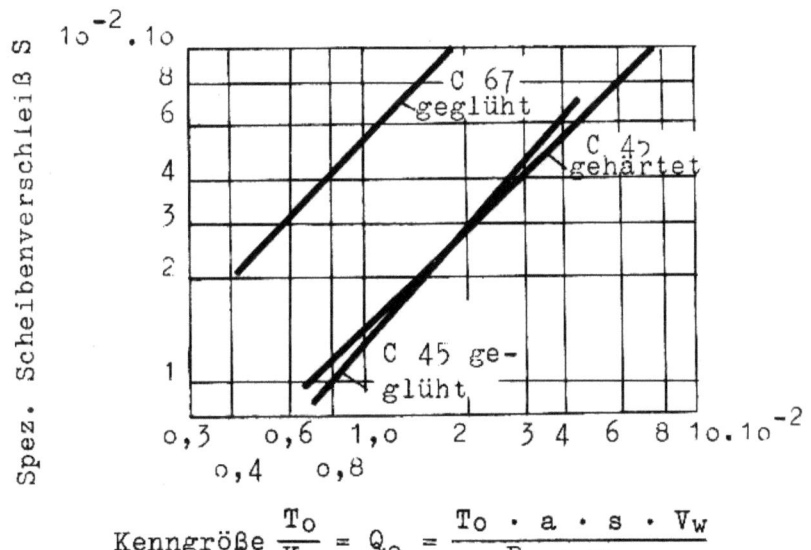

Kenngröße $\frac{T_o}{K_s} = Q_2 = \frac{T_o \cdot a \cdot s \cdot v_w}{P_t \cdot v_s}$

Abbildung 22

Wenn auch die absolute Höhe der Kennfunktionen voneinander abweicht, so zeigt sich meist ein paralleler Verlauf. Das bedeutet, daß der Exponent n der Scheibenverschleißformel konstant ist. Nur die Kurve für das Flachschleifen verläuft mit einem geringeren Steigungsmaß. In allen Fällen ist aber ein linearer Zusammenhang zwischen den Kenngrößen gewahrt. Für den unmittelbaren praktischen Gebrauch ist die Anwendung von Kenngrößen meist zu kompliziert. Es hat sich gezeigt, daß man den Schleifscheibenverschleiß vorteilhaft als Funktion der Spanleistung aufträgt. Die Spanleistung kann dabei wiederum als ein Teil der Kenngröße Q_1 oder Q_2 aufgefaßt werden, da sie als Produkt aus Zustellung, Seitenvorschub und Werkstückgeschwindigkeit ist. Sie ist eine wichtige Größe, da man aus ihr sofort die Bearbeitungszeit eines Werkstückes errechnen kann, wenn Abmessung und Schleifzugabe des Werkstückes bekannt sind.

Mit Hilfe des Standzeitprüfgerätes ist ein sehr genaues Messen des Verschleißes möglich. Abbildung 25 zeigt eine Reihe von Forsteraufnahmen mit der Oberfläche des Prüfbleches, welches zur Messung des Schleifscheibenverschleißes benutzt wurde. Während des Schleifens wurden 10 Prüfbleche in die Scheibe gefahren und abgetastet. Man erkennt nun mit einer Höhenvergrößerung von 1 : 1000, wie die Schleifscheibe verschleißt. Die Aufnahme wurde beim Einstechschleifen gemacht, und zwar mit einer Spanleistung von 16 mm^3/sec, die einer mittleren Spanleistung entspricht. Bei dem Tastbild Nr. 3, Abbildung 25 erkennt man, daß der Einschnitt, hervorgerufen durch den Verschleiß der Schleifscheibe, auf 2 μ angestiegen ist, während er bei dem Tastbild Nr. 9 etwa doppelt so hoch ist. Man sieht aber auch aus den Diagrammen, daß als notwendige Voraussetzung für eine solche Messung eine geringe Oberflächenrauhtiefe vorhanden sein muß, die Wirkrauhtiefe der Schleifscheibe muß gering sein. Die Scheibe ist daher sehr fein abzurichten. Außerdem darf sie keine allzu große Körnung besitzen. Trägt man die aus den Tastbildern ermittelten Verschleißwerte über der Zeit auf, so erhält man Abbildung 26. Der Verschleiß der Scheibe als Funktion der Schleifzeit steigt zunächst steil an. Aus der Steilheit, die stetig abnimmt, erkennt man, daß der Verschleiß nicht konstant bleibt. Ein derartiger Zusammenhang ist erklärlich, da ja nach dem Abrichten der Scheibe mittels Diamant noch viele Schleifkörner gelöst in der Bindung sitzen, die nunmehr bei der Beanspruchung durch die Zerspanungskraft herausgerissen werden. Erst nach etwa 150 sec reiner Schleifzeit ergab sich hier für diese Bedingungen ein geradliniger Anstieg des Verschleißes. Das am Werkstück abgeschliffene Volumen steigt dagegen linear mit der Zeit an. Es werden also zu gleichen Zeiten gleiche Volumina

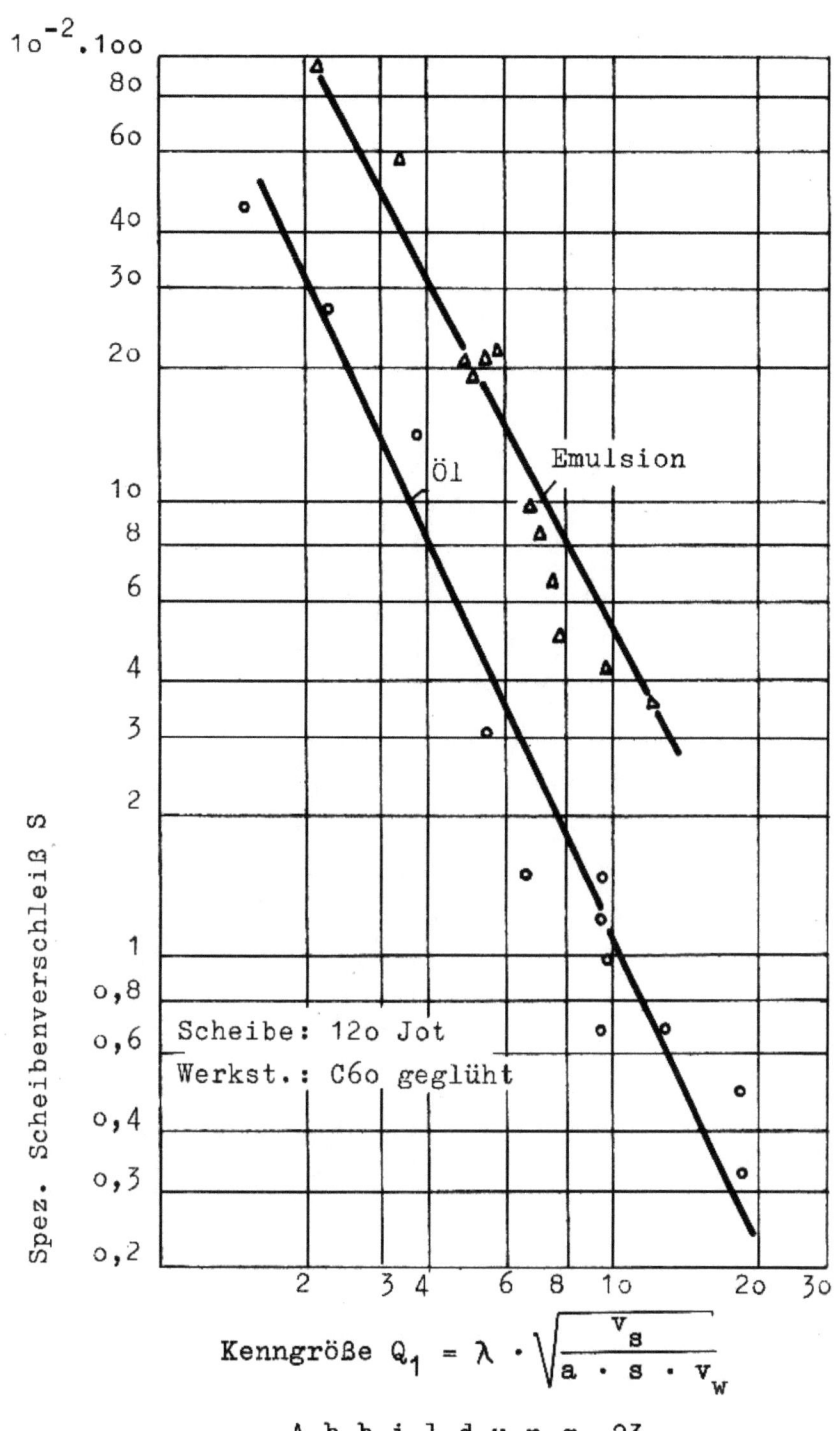

Abbildung 23

abgeschliffen. Entsprechend der relativ großen Spanleistung ist die den Werkstückabschliff kennzeichnende Gerade sehr viel steiler als die für den Scheibenverschleiß (Maßstab beachten, hier 1 : 10 verzerrt dargestellt). Nach der Definition ist der spezifische Scheibenverschleiß der Quotient aus Vol_s/Vol_w. Man erkennt, daß der spezifische Scheibenverschleiß

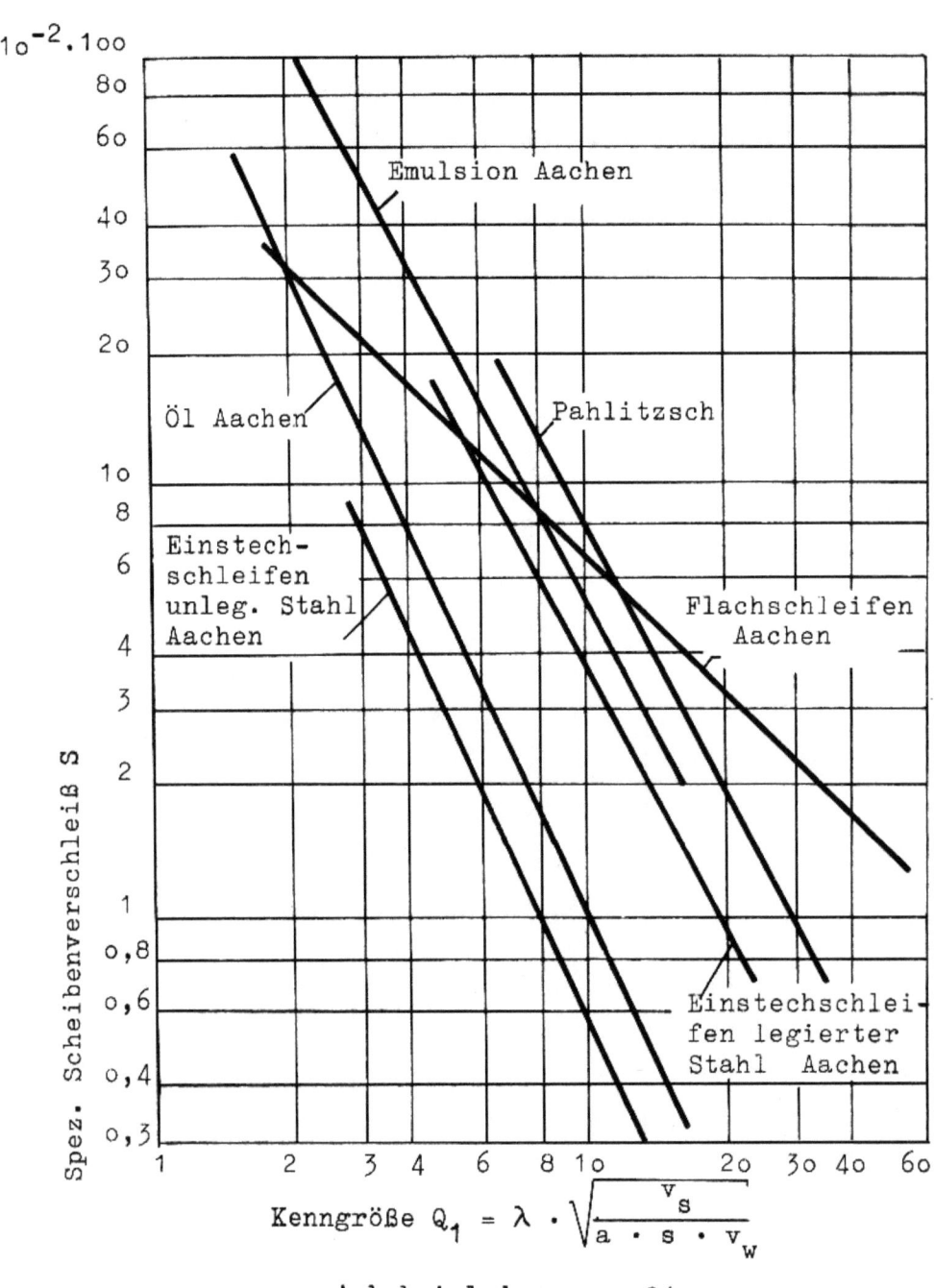

Abbildung 24

zunächst Werte von etwa 5 % besitzt und dann bei einer Schleifzeit von 1000 sec auf den Wert von 1 % zurückgeht.

Die in den Abbildungen 15 ... 23 mitgeteilten Ergebnisse über den Schleifscheibenverschleiß bezogen sich auf einen Mittelwert, der sich während einer längeren Schleifdauer einstellt. Um aus Diagramm 26 einen Mittelwert zu bekommen, ist es erforderlich, die Fläche unter der Kurve des spezifischen Schleifscheibenverschleißes zu integrieren. Man erhält hier ebenfalls einen Mittelwert, der in das Diagramm 26 eingezeichnet wurde.

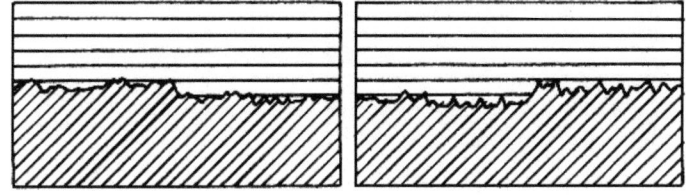

1. Gesamtzustellung: A = 0,05 mm, Δr_s = 1,5 μ

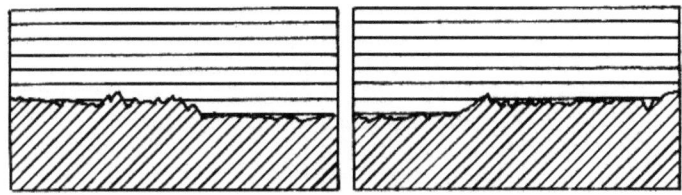

2. Gesamtzustellung: A = 0,1 mm, Δr_s = 1,8 μ

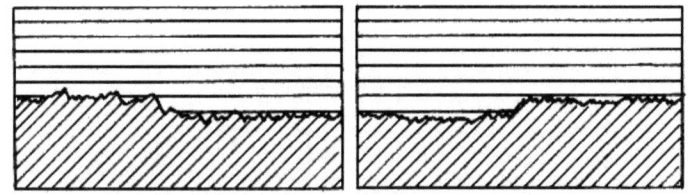

3. Gesamtzustellung: A = 0,2 mm, Δr_s = 2 μ

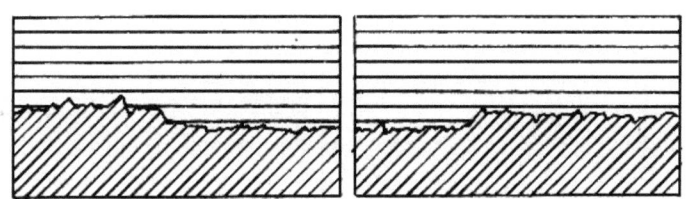

4. Gesamtzustellung: A = 0,3 mm, Δr_s = 2,5 μ

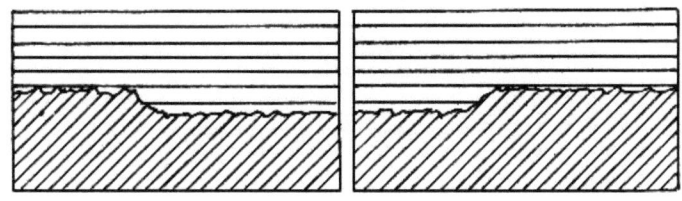

5. Gesamtzustellung: A = 0,7 mm, Δr_s = 2,8 μ

A b b i l d u n g   25a

Zerspanungsbedingungen: Scheibe 120L v_s = 28 m/s
v_w = 0,23 m/s   a = 2,3 μ/U Vol_w = 16 mm³/s

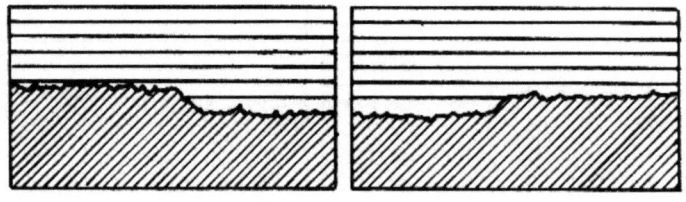

6. Gesamtzustellung: $A = 1{,}1$ mm, $\Delta r_s = 3{,}0\,\mu$

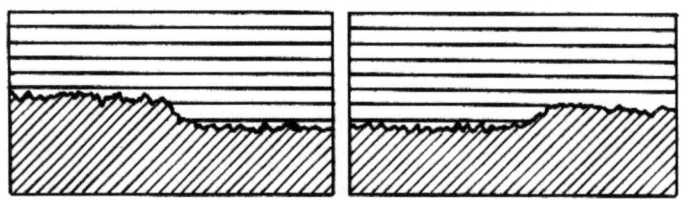

7. Gesamtzustellung: $A = 1{,}5$ mm, $\Delta r_s = 3{,}3\,\mu$

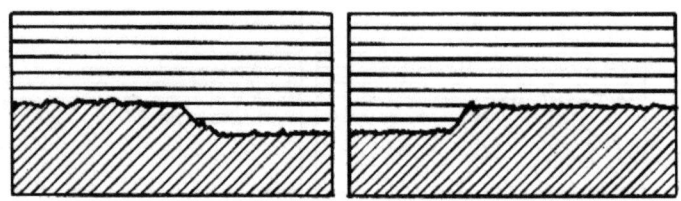

8. Gesamtzustellung: $A = 1{,}9$ mm, $\Delta r_s = 3{,}7\,\mu$

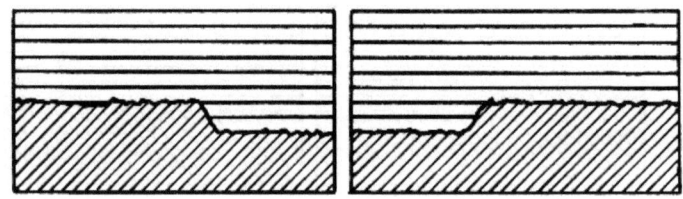

9. Gesamtzustellung: $A = 2{,}3$ mm, $\Delta r_s = 4\,\mu$

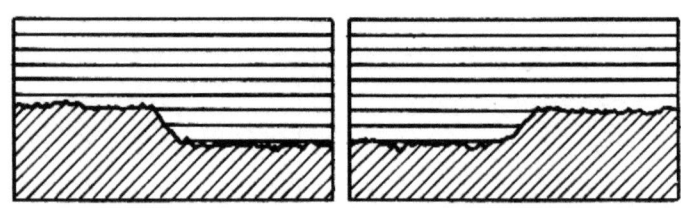

10. Gesamtzustellung: $A = 3{,}1$ mm, $\Delta r_s = 4{,}5\,\mu$

Abbildung 25b

Zerspanungsbedingungen: Scheibe 12oL $v_s = 28$ m/s

$v_w = 0{,}23$ m/s $a = 2{,}3\,\mu/\text{U}$ $\text{Vol}_w = 16$ mm³/s

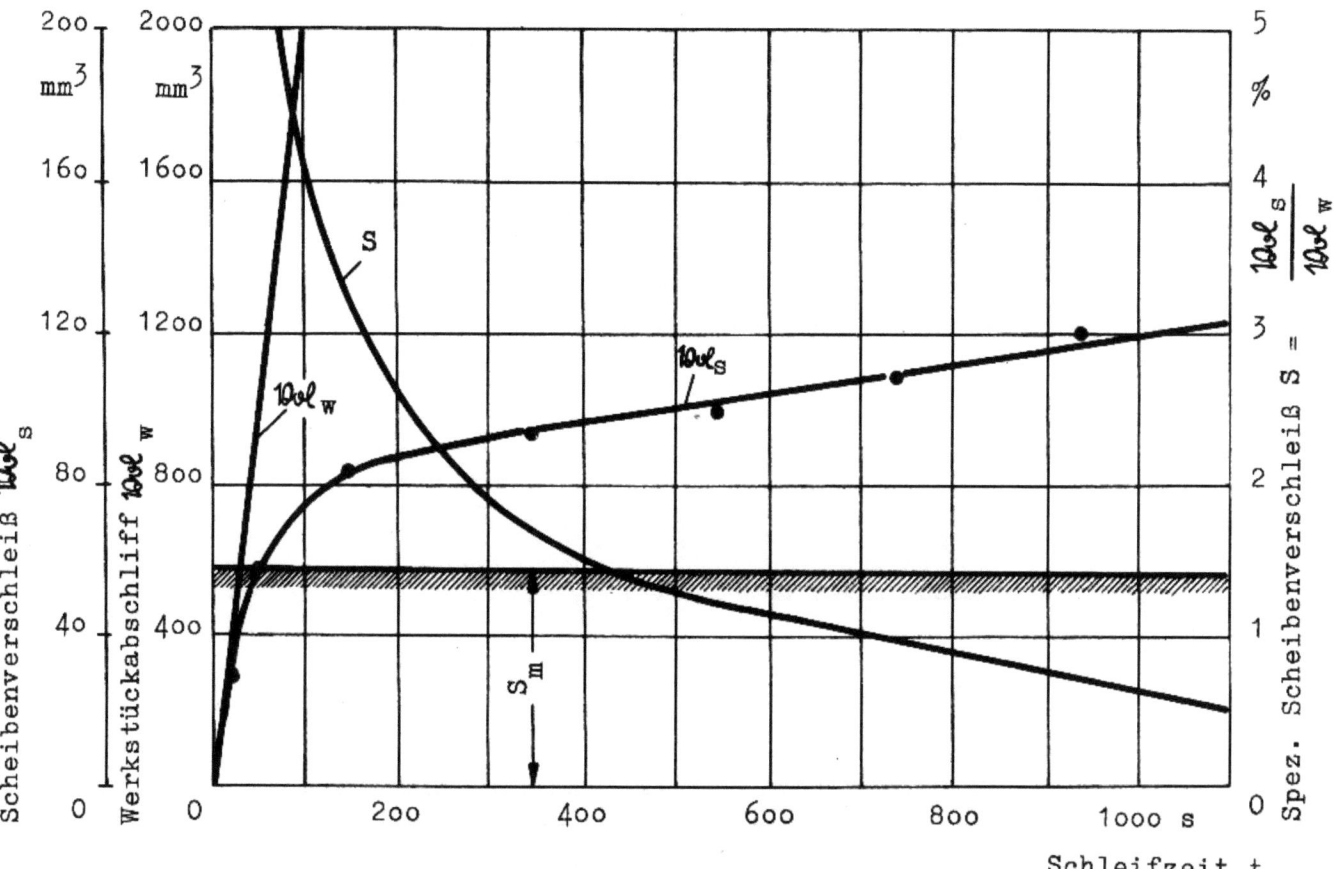

Abbildung 26

Er liegt bei etwa 1,5 %. Unter diesen Bedingungen beträgt das Verhältnis des vom Werkstück zerspanten Volumens zu dem Verschleißvolumen der Scheibe 100 : 1,5. Ähnliche Ergebnisse liegen auch für andere Zerspanungsbedingungen vor. Jedoch hat der zeitliche Verlauf des spezifischen Verschleißes weniger eine praktische Bedeutung, da es zur Kostenbestimmung nur auf die Größe des Verschleißes am Ende der Standzeit ankommt, so daß wir hier nur noch eine weitere Meßreihe anführen, der eine Spanleistung von 22 cm^2/sec zugrunde liegt. Im Prinzip zeigen sich die gleichen Abhängigkeiten wie für die Meßreihe mit einer Spanleistung von 16 mm^3/sec (Abb. 27).

Von Interesse sind noch die in zeitlicher Aufeinanderfolge mit dem Standzeitprüfgerät ermittelten Tastdiagramme beim Längsschleifen (Abb. 28 und 29). Hier wurde mit dem Abrichtdiamanten vor dem Schleifen eine feine Rille in die Scheibe eingedreht. Die Tastbilder zeigen ein Fortschreiten des Verschleißes, ein allmähliches Verkleinern der eingebrachten Rille und ein Ansteigen der Kantenabrundung. Die Tastdiagramme (Abb. 28 und 29)

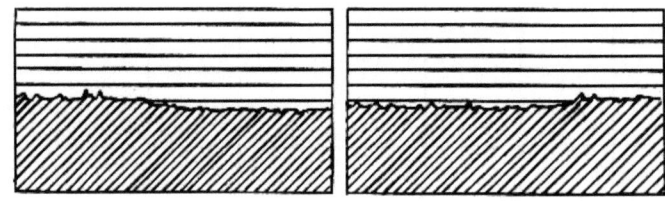

1. Gesamtzustellung: $A = 0{,}2$ mm, $\Delta r_s = 1{,}3\,\mu$

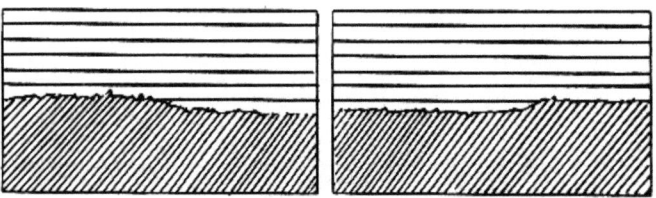

2. Gesamtzustellung: $A = 0{,}4$ mm, $\Delta r_s = 1{,}6\,\mu$

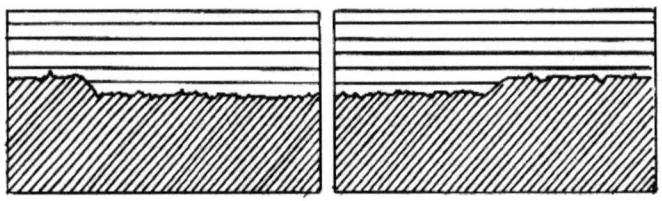

3. Gesamtzustellung: $A = 0{,}8$ mm, $\Delta r_s = 2{,}4\,\mu$

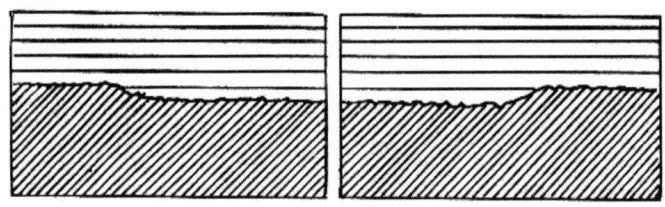

4. Gesamtzustellung: $A = 1{,}0$ mm, $\Delta r_s = 2{,}6\,\mu$

Abbildung 27a

Zerspanungsbedingungen: Scheibe 12oL $v_s = 28$ m/s

$v_w = 0{,}25$ m/s $a = 3{,}0\,\mu/U$ $Vol_w = 22$ mm^3/s

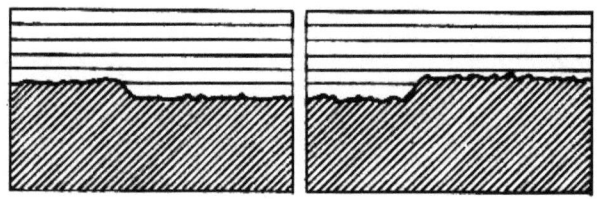

5. Gesamtzustellung: $A = 1,2$ mm, $\Delta r_s = 2,9\,\mu$

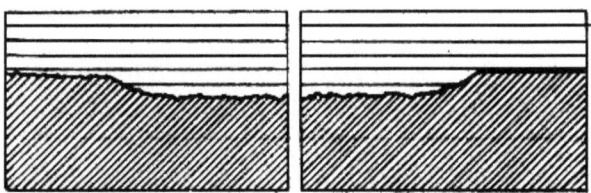

6. Gesamtzustellung: $A = 1,6$ mm, $\Delta r_s = 3,5\,\mu$

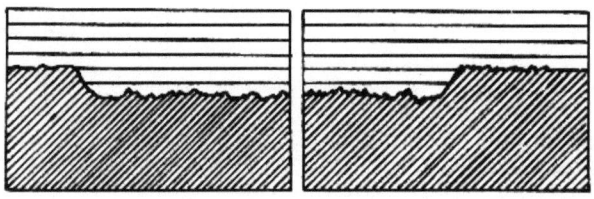

7. Gesamtzustellung: $A = 2,0$ mm, $\Delta r_s = 4,0\,\mu$

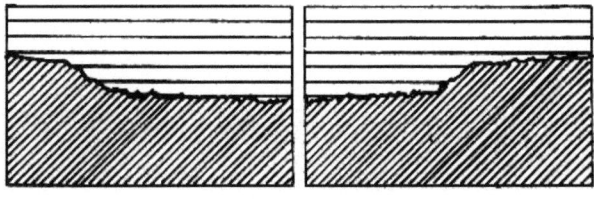

8. Gesamtzustellung: $A = 2,11$ mm, $\Delta r_s = 4,2\,\mu$

Abbildung 27b

Zerspanungsbedingungen: Scheibe 120L $v_s = 28$ m/s

$v_w = 0,25$ m/s $a = 2,0\,\mu/U$ $Vol_w = 22$ mm^3/s

Forschungsberichte des Wirtschafts- und Verkehrsministeriums Nordrhein Westfalen

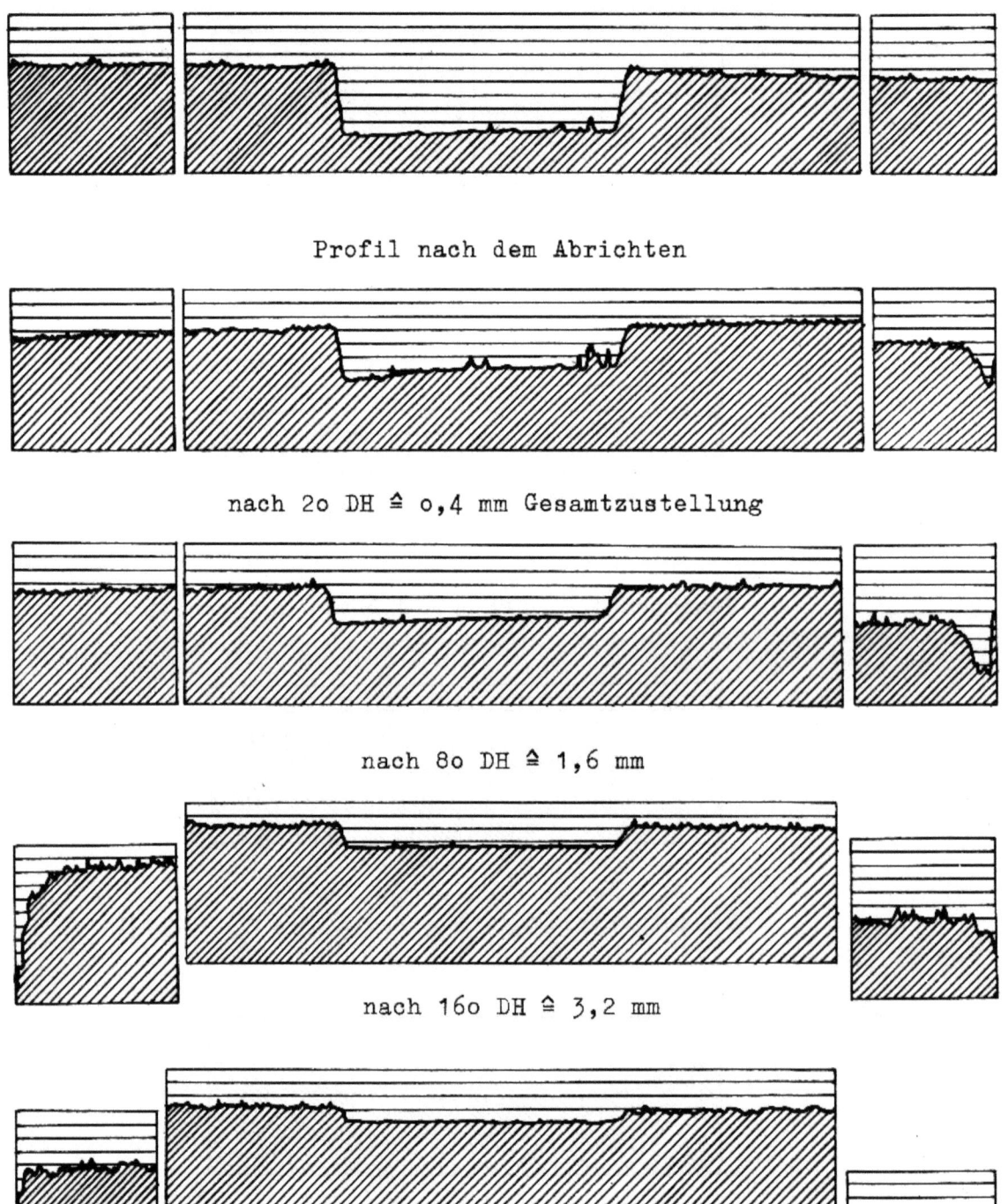

Profil nach dem Abrichten

nach 2o DH ≙ o,4 mm Gesamtzustellung

nach 8o DH ≙ 1,6 mm

nach 16o DH ≙ 3,2 mm

nach 24o DH ≙ 4,8 mm

A b b i l d u n g   28

Zerspanungsbedingung: Scheibe 6oL v_s = 28 m/s

v_T = 1 m/min v_w = 25 m/s   a = 1o μ/Hub

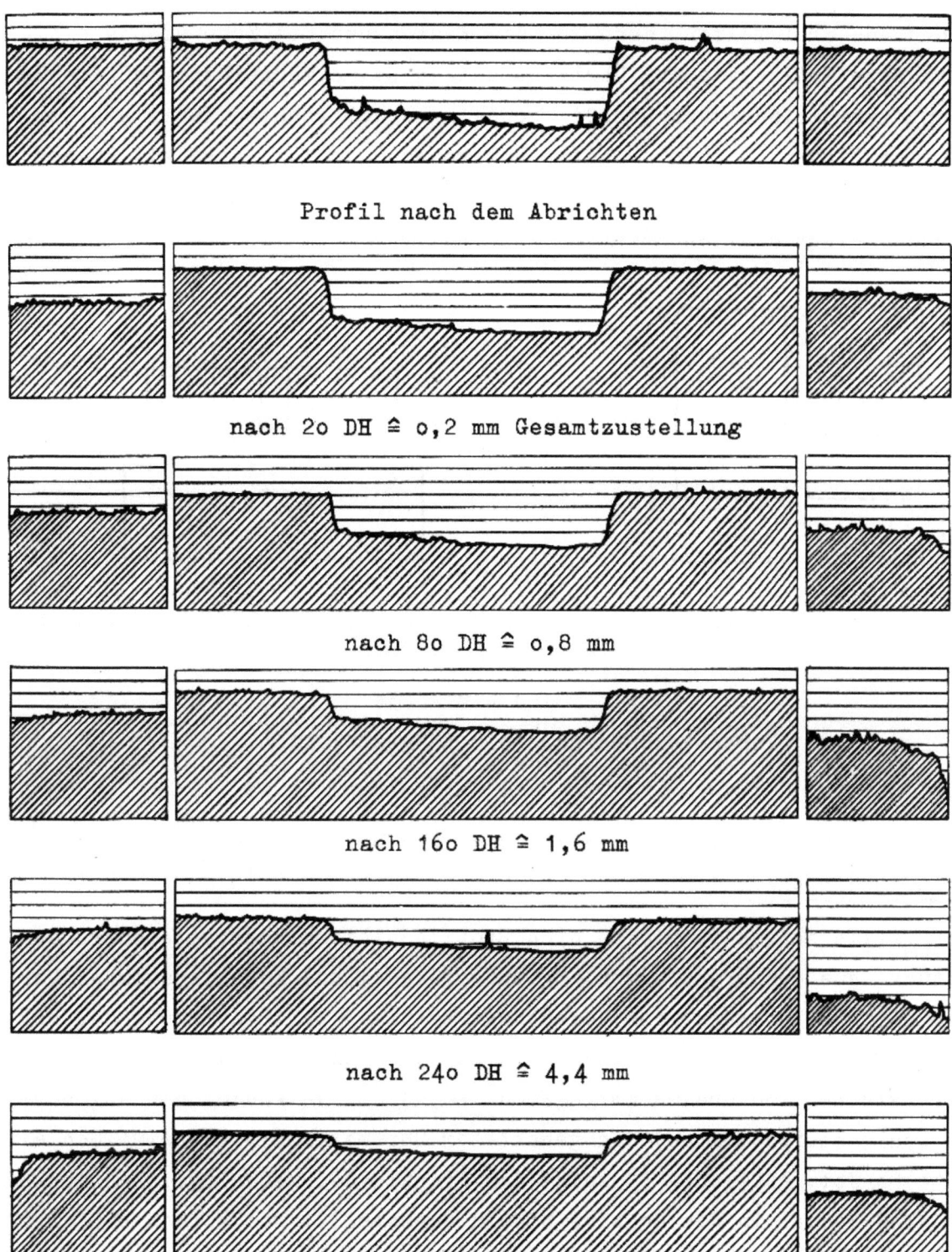

Profil nach dem Abrichten

nach 20 DH ≙ 0,2 mm Gesamtzustellung

nach 80 DH ≙ 0,8 mm

nach 160 DH ≙ 1,6 mm

nach 240 DH ≙ 4,4 mm

nach 300 DH ≙ 5 mm

A b b i l d u n g 29
Zerspanungsbedingung: Scheibe 60L v_s = 28 m/s
v_T = 1 m/min v_w = 0,25 m/s   a = 5 μ/Hub

bestehen aus drei Teilen, denn nur die Kanten und die Zone um die eingebrachte Nute interessieren. Übrigens zeigen beide Meßreihen, daß die Scheibe nicht symmetrisch verschleißt, sondern an der rechten Kante stärker als an der linken. Zur Zeit laufen Untersuchungen, die speziell diesen Zusammenhang zu klären haben. Das Prinzip der Meßanordnung zur Messung des Verschleißes geht aus Abbildung 30 hervor.

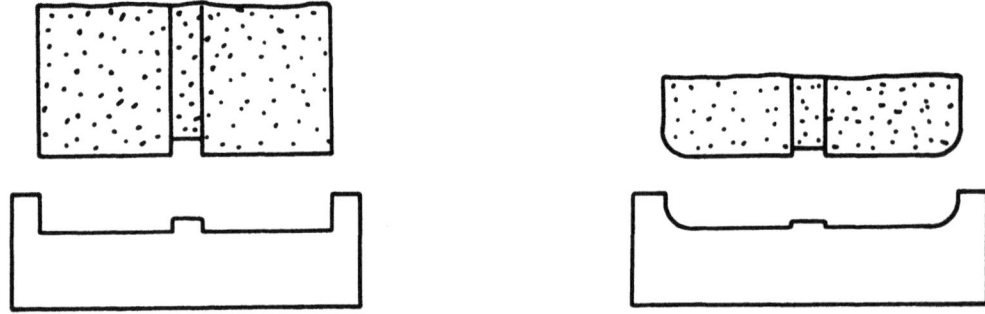

Prüfblech bei scharfer Scheibe   Prüfblech bei verschlissener Scheibe

A b b i l d u n g   30
Verschleißmessung beim Längsschleifen

6. Die Profilhaltigkeit der Scheibe und ihre Beziehungen zu den Eingriffsbedingungen

In der Praxis setzen sich die durch Profilschleifen bearbeiteten runden Werkstücke aus den Grundformen, Zylinder, Kegel und Kugel zusammen. Der Einfachheit halber wurde den Versuchswerkstücken zur Bestimmung der Profilhaltigkeit eine zylindrische Form mit 15 mm Breite und einem Durchmesser zwischen 100 und 90 mm gegeben. Es wurden verwendet ein ungehärteter Kohlenstoffstahl und ein gehärteter Chromstahl, sowie eine Schleifscheibe 60 Jot. Abbildung 31 zeigt das Prinzip der Meßanlage. Das Werkstück wird radial in die Scheibe hinein zugestellt. Der Verschleiß wird beim Längsschleifen mit Hilfe des Oberflächen Leitz-Forstergerätes festgestellt. Die Durchmesserabnahme der Schleifscheibe läßt sich somit zahlenmäßig angeben. Die Abrundung an den Kanten durch das Einarbeiten des Werkstückes ist meßtechnisch nur schwer zu erfassen. Sie läßt sich lediglich subjektiv beim Vergleich mehrerer Meßergebnisse feststellen. Das Ausgeben einer Schleifscheibe im Zusammenhang mit der Profilhaltigkeit

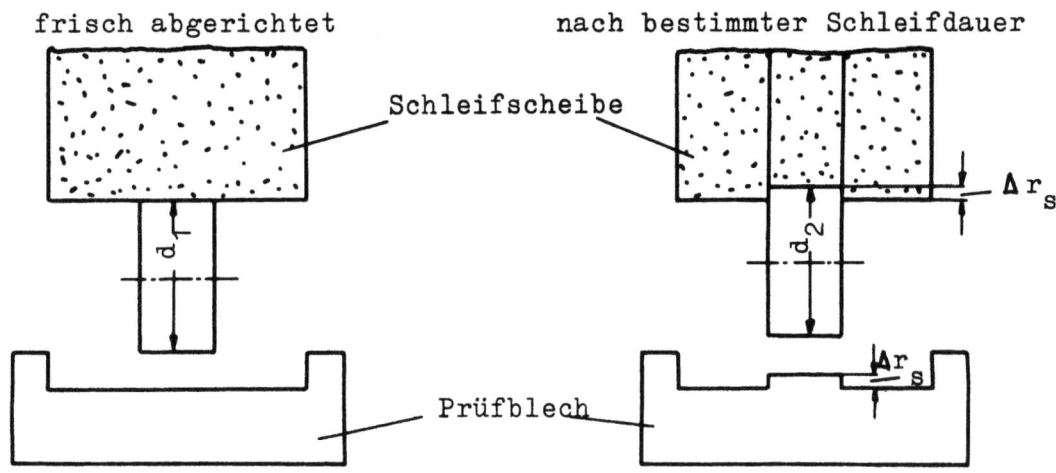

Abbildung 31
Verschleißmessung beim Einstechschleifen

ist auch aus anderen Gründen nicht ohne weiteres zu definieren. Die zulässigen Kantenabrundungen sind von der Toleranz des Werkstückes abhängig, über die von vornherein nichts bekannt ist.

Es gelingt jedoch festzustellen, wie die Profilhaltigkeit der Scheibe durch die Eingriffsbedingungen qualitativ beeinflußt wird. Dabei zeigt sich, daß die Profilhaltigkeit dem Scheibenverschleiß umgekehrt proportional ist. Ein großer Scheibenverschleiß bedeutet eine geringe Profilhaltigkeit und umgekehrt. Da man andererseits den spezifischen Verschleiß allgemein angeben kann, wie bereits gezeigt, ergibt sich die Profilhaltigkeit auf dem Umweg über die Verschleißversuche. Es ist somit auch die Profilhaltigkeit qualitativ als Funktion der Eingriffsbedingung der Scheiben-Werkstoff-Paarung oder der Kühlmittel darstellbar.

Als wesentliche Folgerung aus dem Zusammenhang zwischen Scheibenverschleiß und Profilhaltigkeit läßt sich sagen, daß man eine bestimmte Profilhaltigkeit oder Scheibenstandzeit erlangen kann durch Anpassen der Werkzeugmaschine an die Schleifscheibe. Darunter wird die Variierung der Eingriffsbedingungen verstanden, durch die die Standzeiten sowie der Verschleiß und damit auch die Profilhaltigkeit der Scheibe verändert werden. So kann z.B. ein zu hoher Verschleiß und eine zu geringe Profilhaltigkeit einer Scheibe, die sich unter bestimmten Zerspanungsbedingungen einstellt, durch Herabsetzung der Zustellung oder der Werkstückumfangsgeschwindigkeit auf das erforderliche Maß herabgesetzt werden.

In der Praxis paßt man meist noch die Scheibe der Maschine an. Durch Anpassen der Maschine an die Scheibe ergeben sich optimale Bearbeitungsbedingungen, die unter Umständen das langwierige und kostspielige Herumprobieren mit den verschiedensten Scheiben überflüssig machen, zumindest aber verkürzen.

Wie groß die Unterschiede des Verschleißes und der Profilhaltigkeit allein auf Grund verschiedener Eingriffsbedingungen sein können, zeigen die folgenden Meßergebnisse einer Scheibe, gepaart mit zwei verschiedenen Werkstoffen beim Einstechschleifen.

Abbildung 32 stellt Schleifscheibenkonturen für 8 Versuche aus einer Meßreihe beim Einstechschleifen dar. (Meßprinzip siehe Abb. 31). Die Mittelstücke des Prüfblechprofils wurden nicht abgetastet, da es hauptsächlich auf die Beschaffenheit der Kanten und auf das absolute Maß Δr_s ankommt. Die Diagramme sind daher in der Mitte unterbrochen.

Die Zerspanungsbedingungen und die zur Auswertung erforderlichen Daten enthält Tabelle 1.

Ein unmittelbarer Vergleich der Tastdiagramme (Abb. 32) untereinander ist nicht bei allen möglich, da bei den einzelnen Versuchen, wie aus Tabelle 1 hervorgeht, verschiedene Spanleistungen und Schleifzeiten angewendet wurden und somit auch verschiedene Spanvolumina vorliegen.

Aus der Zustellung (Tabelle 1, Spalte 1) und der Werkstückdrehzahl (Spalte 2) ergibt sich die Vorschubgeschwindigkeit $a \cdot n_w \ [\mu/s]$ (Spalte 3). Die Spanleistung Vol_w erhält man beim Längsschleifen aus dem Produkt $a \cdot s \cdot v_w$ und beim Einstechschleifen aus $a \cdot b \cdot v_w$, wenn b die Berührungslänge des Werkstückes an der Scheibe ist. Aus Abbildung 33 ergeben sich die Beziehungen für den Verschleiß. Die Radiusabnahme der Scheibe (diese Größe ist im Forsterdiagramm direkt ablesbar) ist dem Verschleiß direkt proportional, und es gilt

$$\Delta r_s = a_{ges.} - (r_1 - r_2)$$

Indes hat diese Formel nur theoretische Bedeutung, die Radiusabnahme ist um mehrere Größenordnungen kleiner als die Gesamtzustellung $a_{ges.}$ und die Differenz der Werkstückradien $r_1 - r_2$ vor und nach dem Schleifen. Trotzdem wurde früher häufig nach dieser Formel ausgewertet, und das Werkstück vor und nach dem Schleifen gemessen.

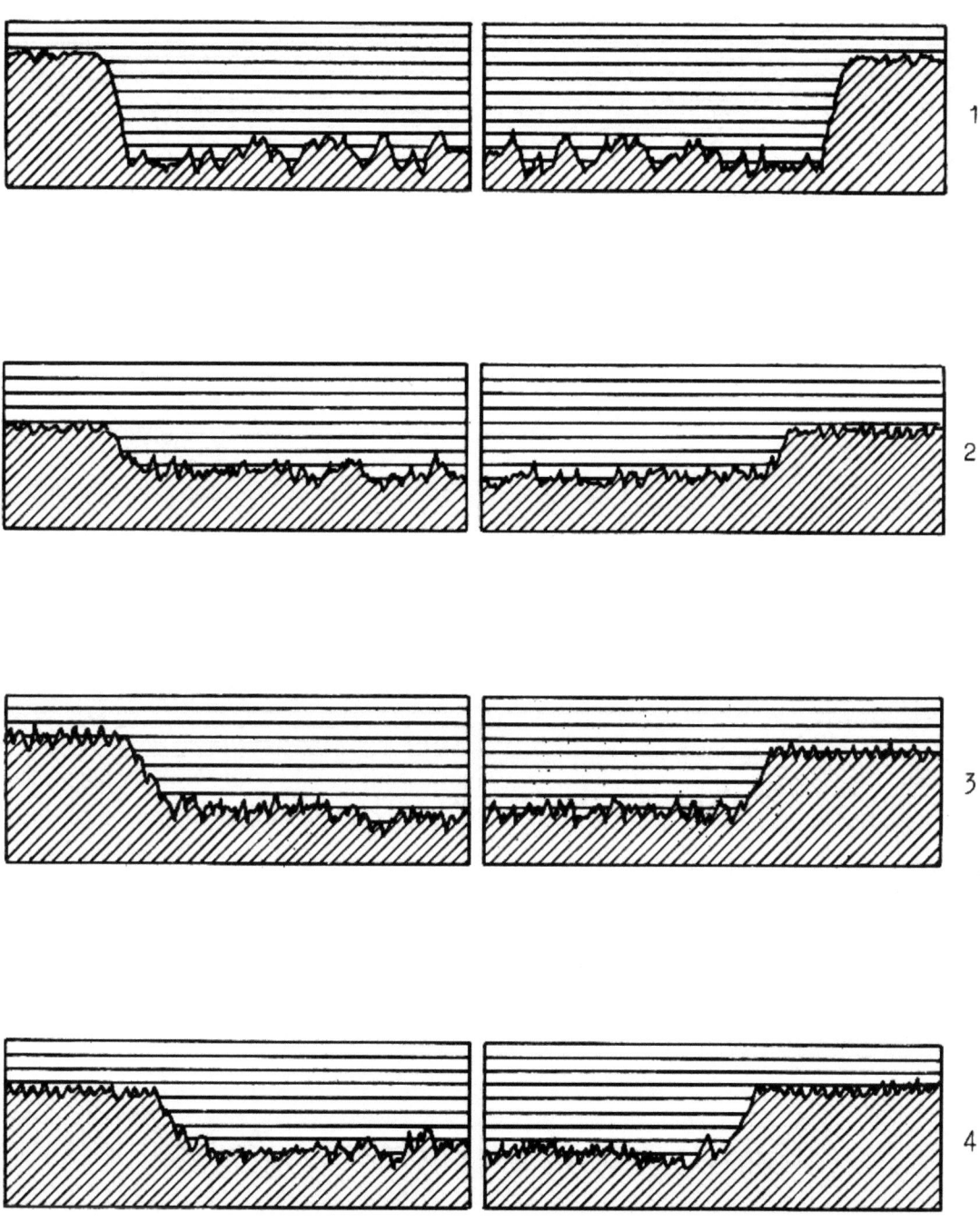

Abbildung 32a
Verschleiß bei verschiedenen Zerspanungsbedingungen (Tabelle 1)
Scheibe: 60 Jot, Werkstoff: St C 60 ungehärtet

Forschungsberichte des Wirtschafts- und Verkehrsministeriums Nordrhein Westfalen

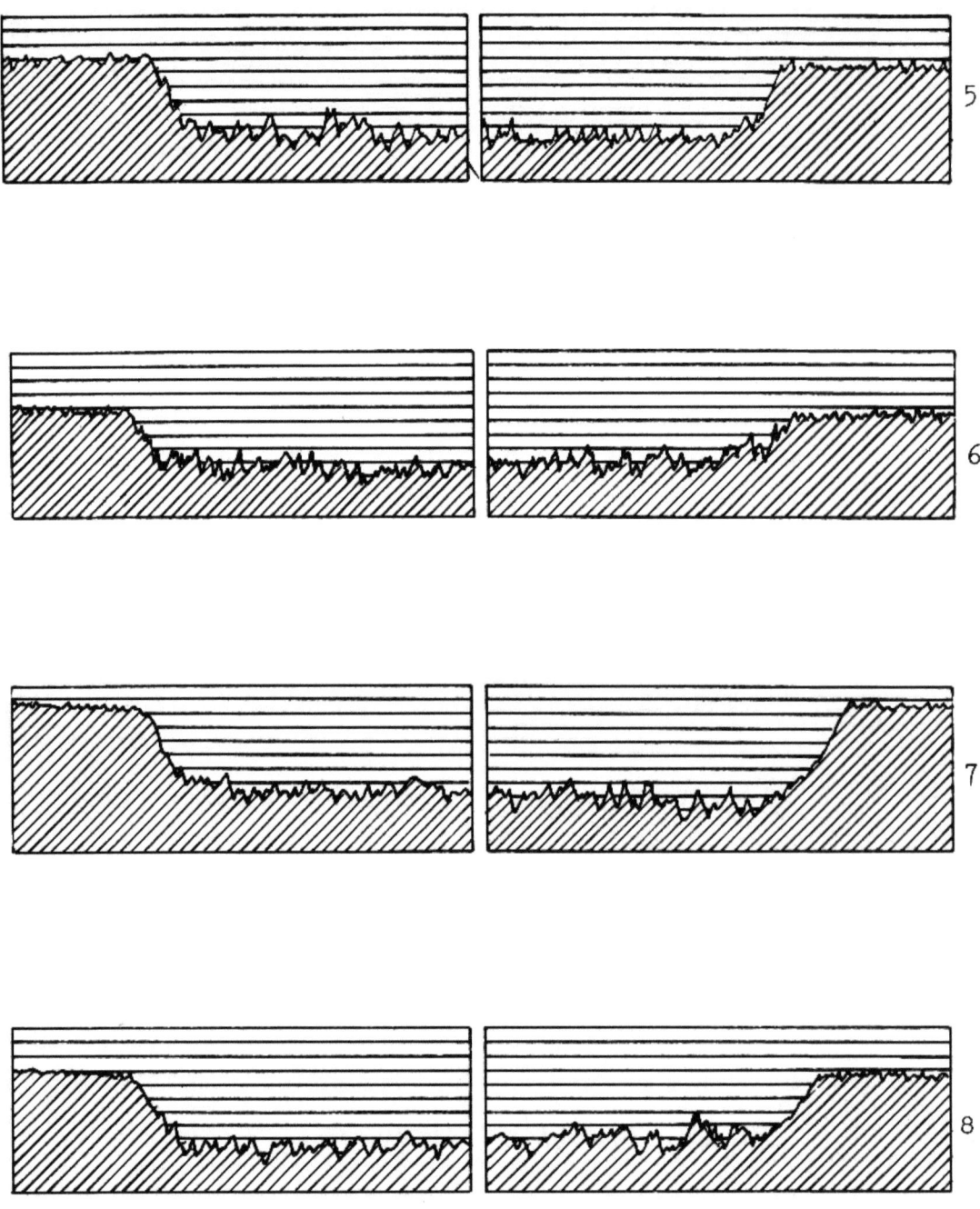

Abbildung 32b

Die Zerspanungsvolumina, bezogen auf 1 mm Scheibenbreite sind in Spalte 7 enthalten. Es ist

$$\frac{Vol_w}{b} = a_{ges} \cdot d_m \cdot \pi$$
$$= a_{ges} \cdot (r_1 + r_2) \cdot \pi$$
$$= (r_1^2 - r_2^2) \cdot \pi$$

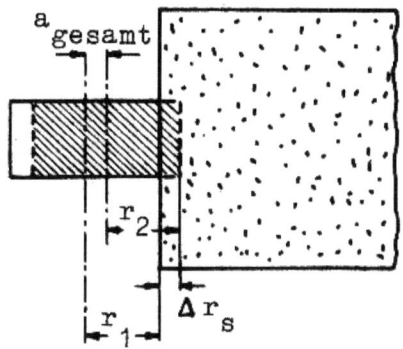

Abbildung 33

$$r_1 + \Delta r_s = a_{gesamt} + r_2$$
$$\Delta r_s = a_{gesamt} - (r_1 - r_2)$$
$$r_m = \frac{r_1 + r_2}{2}; \quad d_m = \frac{d_1 + d_2}{2}$$

und es bedeuten

d_m mittlerer Werkstückdurchmesser

r_1 u. r_2 Radien des Werkstückes vor und nach dem Schleifen.

Die reine Schleifzeit t ergibt sich aus der Gesamtzustellung dividiert durch die Zustellgeschwindigkeit $a \cdot n_w$ Es gilt:

$$t = \frac{a_{ges}}{a \cdot n_w}$$

Die entsprechenden Werte sind in Spalte 8 enthalten. Spalte 12 enthält den spezifischen Verschleiß der Scheibe.

Wir können nun Versuch 1 und 4 miteinander vergleichen, da ihnen die gleichen Zerspanungsvolumina von etwa 1400 mm^3/mm zugrunde liegen. Die Spanleistungen betrugen 35 und 27 mm^3/s. Die Tastdiagramme zeigen den höheren Verschleiß bei der höheren Spanleistung. In etwa gleicher Weise lassen sich die Versuche 6 und 8 vergleichen. Hier zeigt sich für die höhere Spanleistung ebenfalls ein stärkerer Kantenverschleiß.

Faßt man die Ergebnisse dieser ersten Versuchsreihe zusammen, so zeigt sich, entsprechend den Abbildungen 34 und 35 ein Ansteigen des spezifischen Verschleißes als Funktion der Spanleistung und ein Ansteigen des Absolutverschleißes Δr_s als Funktion des pro 1 mm Scheibenbreite zerspanten

Forschungsberichte des Wirtschafts- und Verkehrsministeriums Nordrhein Westfalen

Tabelle 1

Versuch Nr.	1 Zustellung pro Umdr. a μ/U	2 Werkstückdrehzahl n_w $\min^{-1}$	3 Zustellgeschwindigk. $a \cdot n_w$ μ/s	4 Spanleistung Vol_w mm^3/s	5 Werkstückdurchmesser d_w mm	6 Gesamtzustellung $r_1 - r_2 = a_{ges.}$ mm	7 zerspantes Volumen pro 1 mm Scheibenbr. $Vol_w/1mm$ mm^3/mm	8 Eingriffszeit $t = \frac{a_{ges}}{a \cdot n_w}$ s	9 Radiusabnahme der Scheibe Δr_s gem. μ	10 verschlissenes Scheibenvolumen $\Delta r_s \cdot ds \cdot \pi \cdot b = Vol_s$ mm^3	11 zerspantes Scheibenvolumen Vol_s Ab $10^2 mm^3$	12 spez. Scheibenverschl. $S = \frac{Vol_s}{Vol_w}$ %
1	3,9	128	8,2	35	91,7	4,9	1430	585	16	297	172	1,72
2	6,0	82	8,2	17	44,5	5,3	750	645	5	92	10	0,92
3	2,2	234	8,6	38	88,8	3,2	890	375	8	148	137	1,08
4	10,8	40	7,2	27	79,9	5,6	1400	780	10	184	217	0,85
5	3,7	152	9,4	30	67,1	7,2	1520	765	11	200	233	0,86
6	7,7	156	21	42	44,7	4,0	560	188	8	145	87,2	1,66
7	6,7	116	13	35	71,65	4,85	1090	270	12	210	162	1,30
8	10,9	116	21	65	63,5	3,1	620	148	10	174	93	1,87

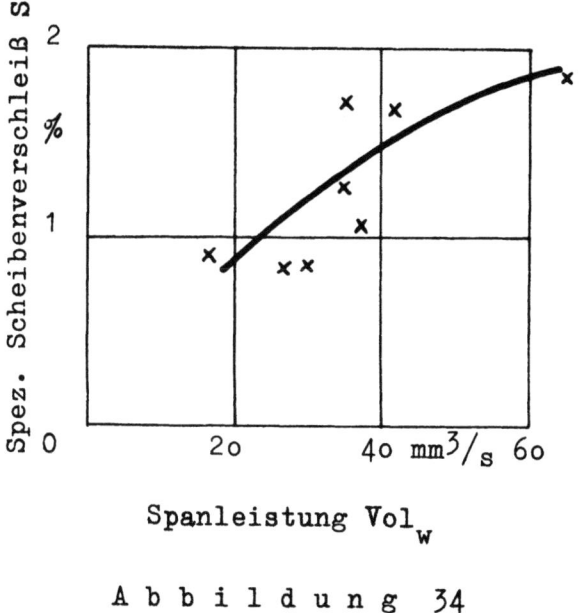

Spanleistung Vol_w

Abbildung 34

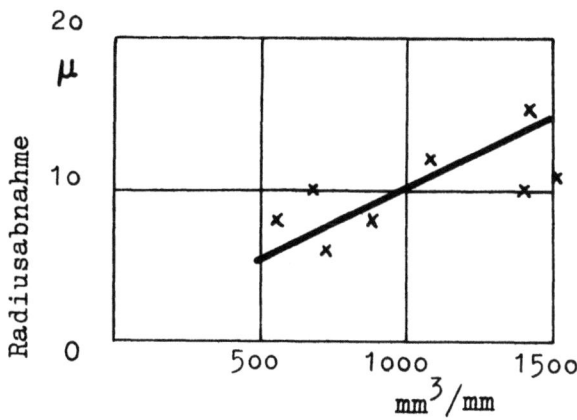

Spanleistung pro 1 mm Scheibenbreite V', Scheibe: 6o Jot, Werkstoff: St C 6o ungehärtet

Abbildung 35

Volumens. Die Beträge des spezifischen Verschleißes liegen dabei zwischen o,85 bis 1,9 % und die der Spanleistungen von 15 ... 6o mm³/s, die der Radienabnahme bei 5 ... 16 μ bei Zerspanungsvolumina zwischen 5oo und 15oo mm³/mm. Die Abbildungen 34 und 35 beweisen, daß für ein und dieselbe Scheibe bei Veränderung der Eingriffsbedingungen und für denselben Werkstoff der Verschleiß von o,85 bis 1,9 % auf den doppelten Wert ansteigen kann.

In den folgenden Meßreihen, die mit einem legierten, gehärteten Werkstoff durchgeführt wurden, tritt dieser Unterschied noch deutlicher hervor. Wir finden die entsprechenden Meßergebnisse und Versuchsbedingungen in Tabelle 2 und die Tastdiagramme in den Abbildungen 36a-d wieder.

Die Werte für den spezifischen Scheibenverschleiß als Funktion der Zerspanungsleistung und die Radiuszunahme als Funktion der Spanvolumina pro 1 mm Scheibenbreite ergeben sich aus den Abbildungen 37 und 38.

Der spezifische Verschleiß liegt hier also trotz kleinerer Spanleistung wesentlich höher als bei der ersten Meßreihe.

Ähnliche Aussagen sind für die Radiuszunahme möglich. Auch diese Werte liegen bei der zweiten Meßreihe höher als bei der ersten.

In allen Fällen zeigt sich jedoch mit der Verschleißzunahme auch eine Abnahme der Profilhaltigkeit. Der qualitative Zusammenhang zwischen Profilhaltigkeit und Verschleiß läßt sich an Hand einiger Zahlen zusammenfassen.

Forschungsberichte des Wirtschafts- und Verkehrsministeriums Nordrhein Westfalen

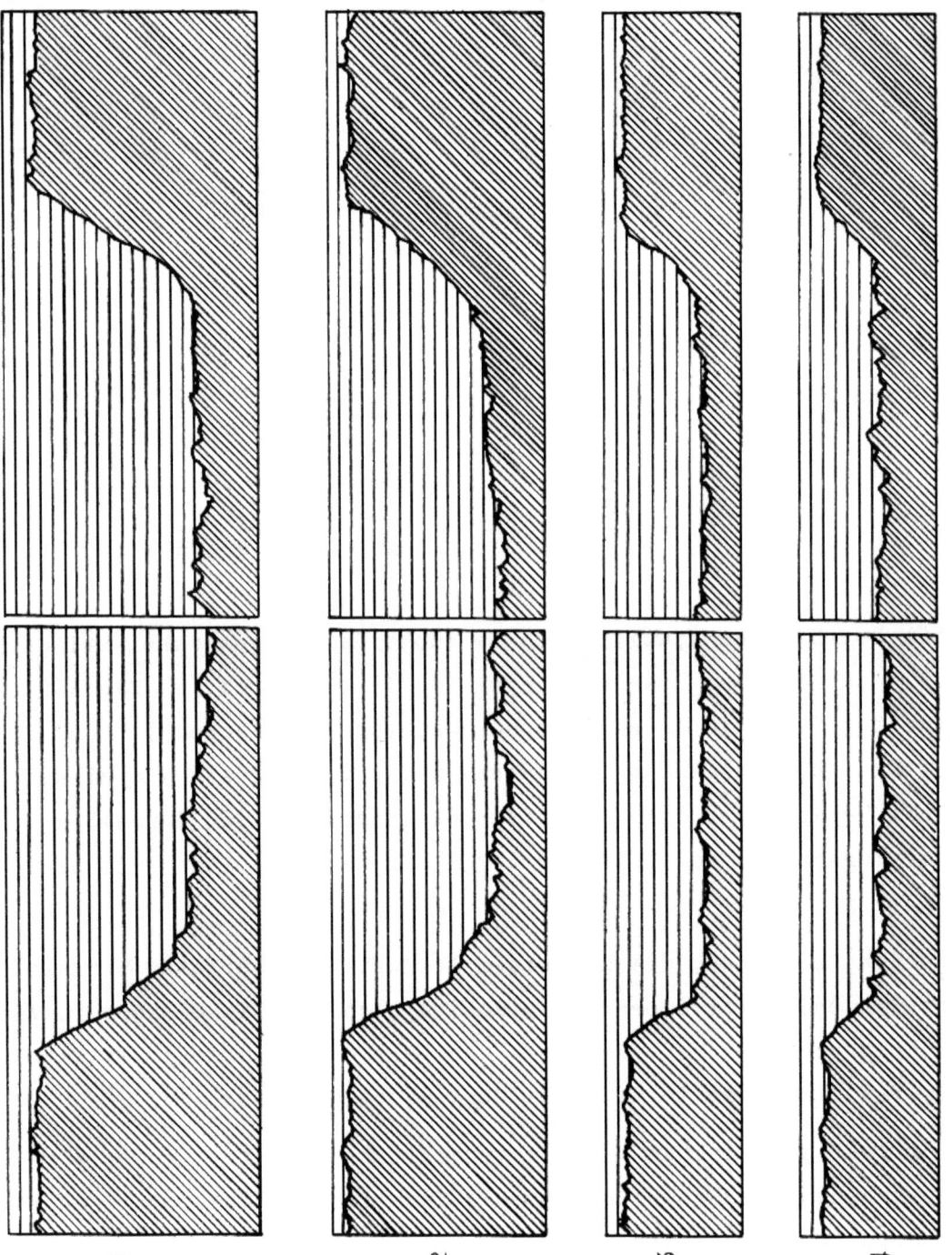

Abbildung 36a
Verschleiß bei verschiedenen Zerspanungsbedingungen (Tabelle 2)
Scheibe: 60 Jot, Werkstoff: Cr - Stahl gehärtet

Forschungsberichte des Wirtschafts- und Verkehrsministeriums Nordrhein Westfalen

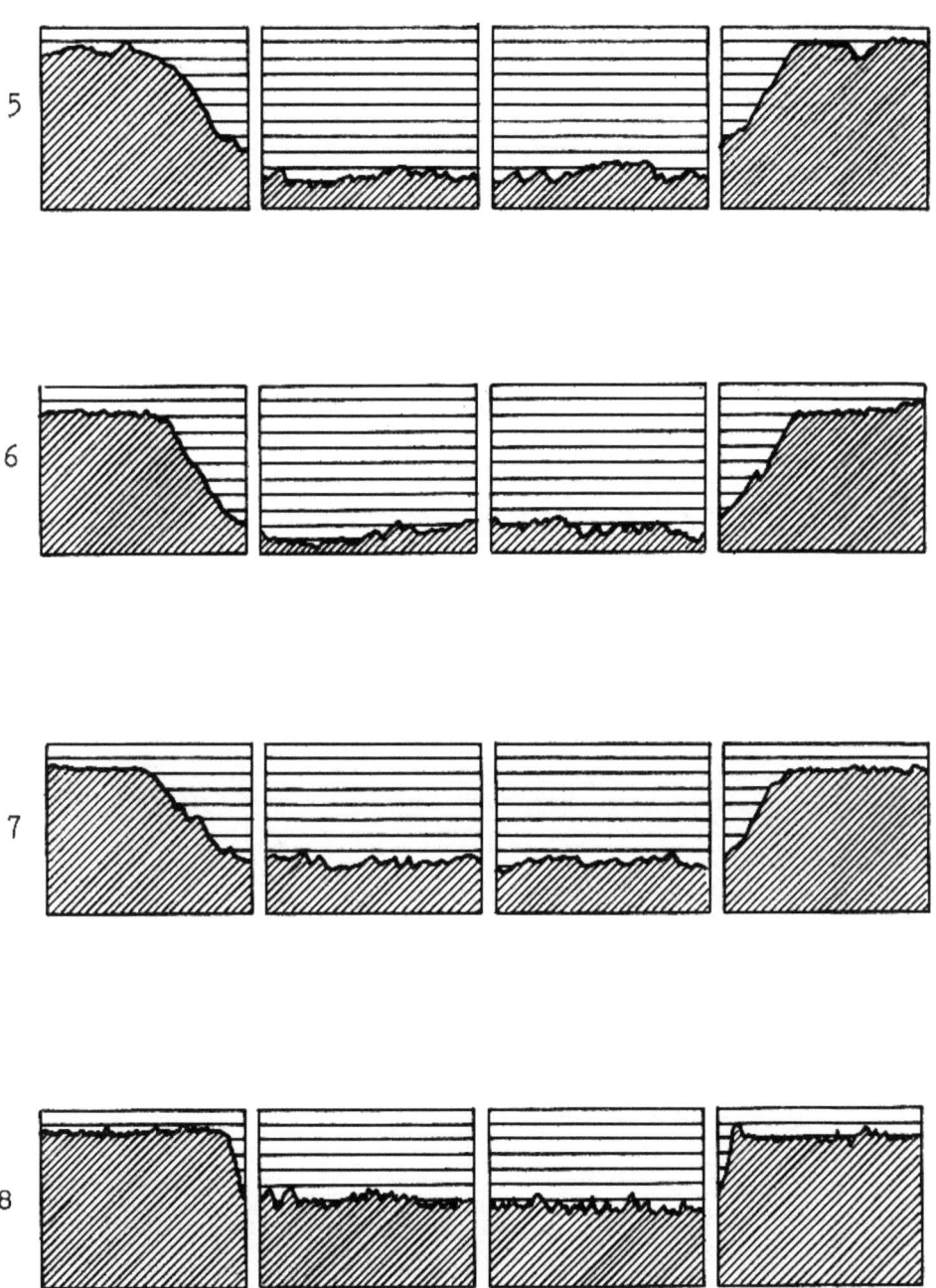

Abbildung 36b

Forschungsberichte des Wirtschafts- und Verkehrsministeriums Nordrhein Westfalen

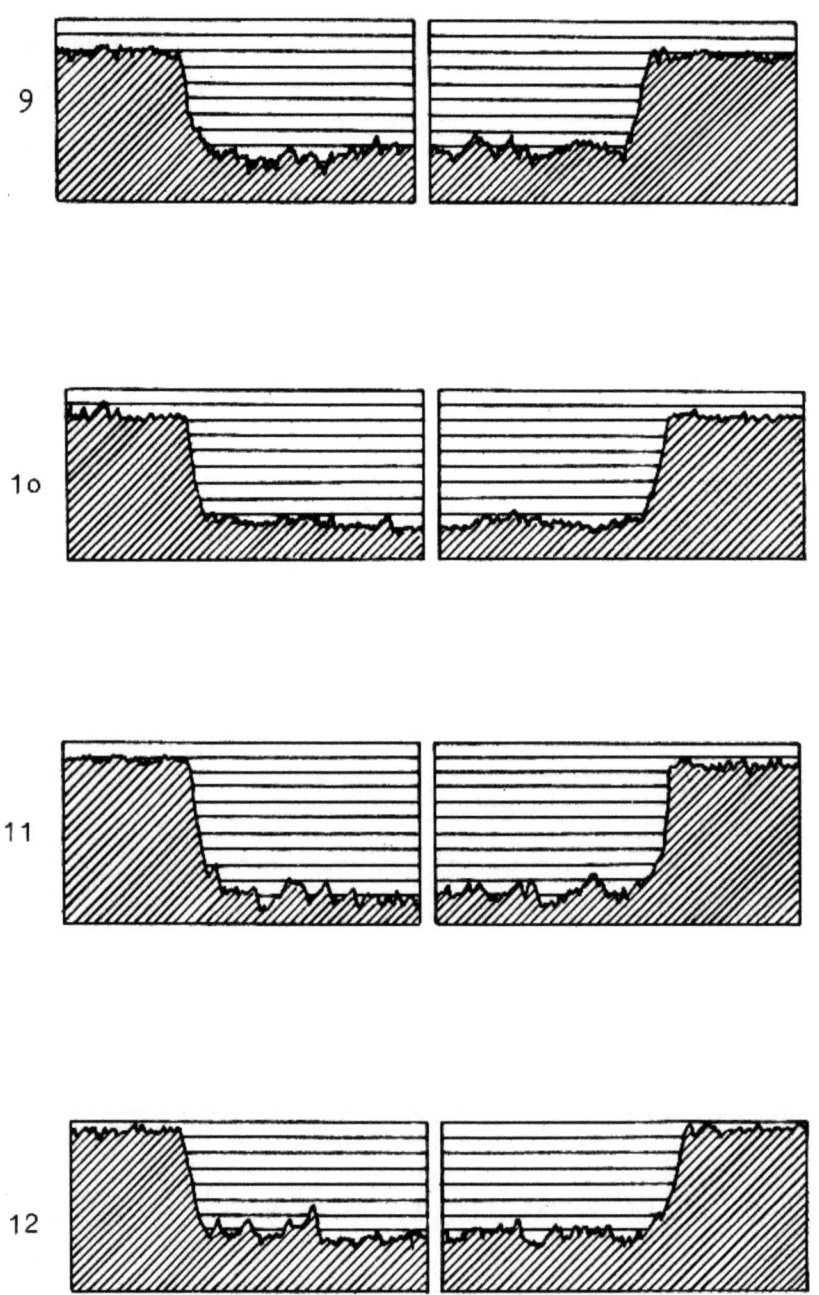

Abbildung 36c

Seite 46

Forschungsberichte des Wirtschafts- und Verkehrsministeriums Nordrhein Westfalen

13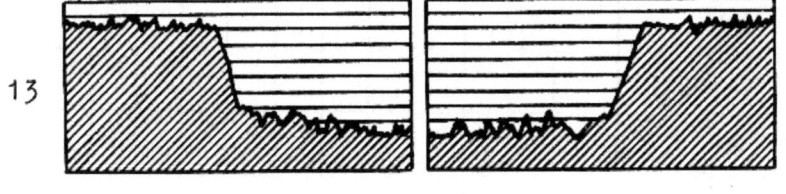

14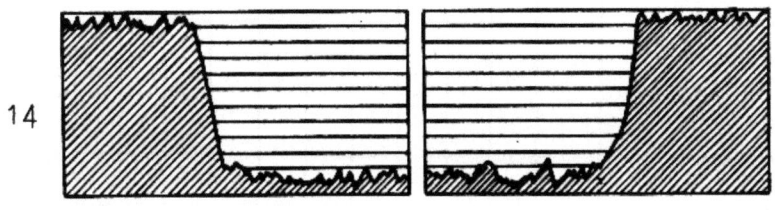

15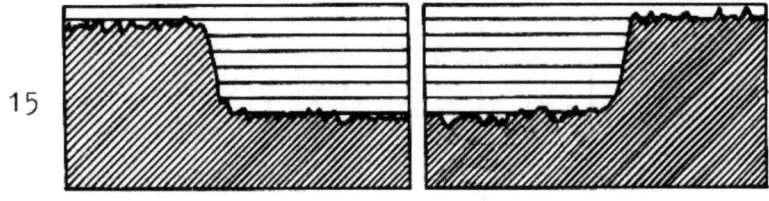

16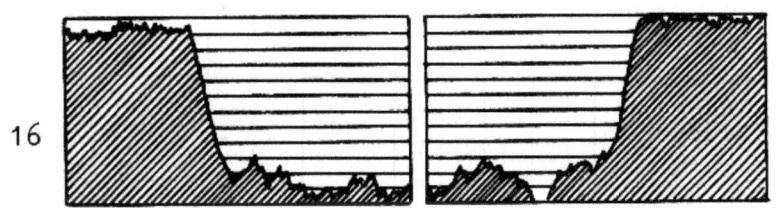

Abbildung 36d

Forschungsberichte des Wirtschafts- und Verkehrsministeriums Nordrhein Westfalen

Tabelle 2

Versuch Nr.	Zustellung pro Umdr. a μ/U	Werkstück-drehzahl n_w min^{-1}	Zustellge-schwindigk. $a \cdot n_w$ μ/s	Spanleistung Vol_w mm^3/s	Werkstück-durchmesser d_w mm	Gesamtzu-stellung $r_1-r_2 = a_{ges}$ mm	zerspantes Vo-lumen pro 1 mm Scheibenbreite $Vol_w/1\,mm$ mm^3/mm	Eingriffszeit $t = \frac{a_{ges}}{a \cdot n_w}$ s	Radiusabnahme der Scheibe Δr_s gem. μ	verschlissenes Scheibenvol. $\Delta r_s \cdot d_s \cdot \pi \cdot b = Vol_s$ mm^3	zerspantes Werkstückvol. $Vol_s Ab$ $10^2 mm^3$	spez.Scheiben-verschleiß $S = \frac{Vol_s}{Vol_w Ab}$ %
1	3,05	52	2,64	11,0	92,8	3,8	1100	1149	26	450	166	2,71
2	2,1	74	2,60	10,0	85,1	3,9	1040	1521	24	412	156	2,65
3	2,7	52	2,34	8,8	75,3	2,75	650	1195	12,5	215	97	2,22
4	2,8	74	3,46	11,5	70,6	2,0	444	575	10	170	66	2,58
5	1,0	146	2,44	11,0	94,8	2,4	713	941	16	274	107	2,56
6	1,25	103	2,15	9,0	86,2	3,2	865	1458	15	255	130	1,96
7	1,2	103	2,06	8,5	78,4	4,6	875	2158	14	238	170	1,40
8	1,0	148	2,47	6,7	59,2	3,2	595	1315	9	151	89	1,70
9	1,0	148	2,47	11,0	95,3	2,4	716	948	13,5	225	108	2,08
10	1,85	52	1,60	6,0	78,3	4,8	990	3012	12,5	208	175	1,18
11	5,0	52	4,30	14,0	69,8	3,2	700	728	18	300	105	2,86
12	5,0	52	4,30	19,0	91,2	2,3	690	545	14	233	99	2,47
13	5,0	52	4,30	18,0	85,7	2,4	645	544	14	233	97	2,36
14	3,1	74	3,80	15,0	79,3	3,2	795	816	20	330	119	2,76
15	2,5	74	3,10	7,0	50,6	5,6	712	1836	12	198	133	1,49
16	4,0	52	3,50	14,5	88,0	3,6	995	1010	20	330	149	2,21

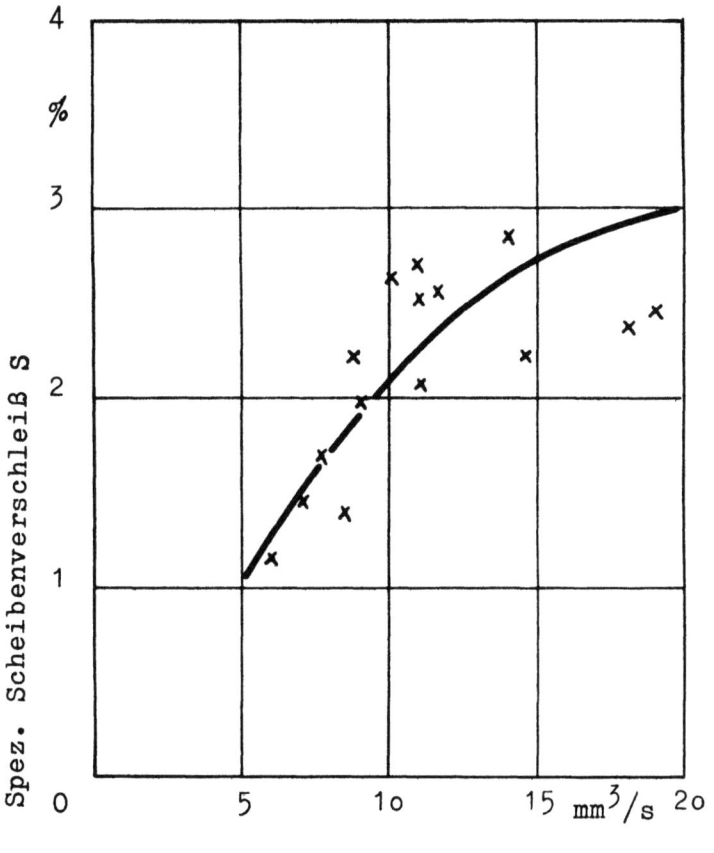

Abbildung 37

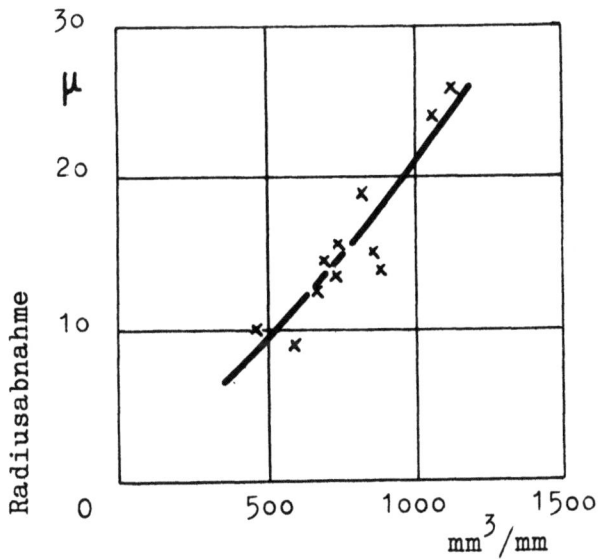

Spanleistung pro 1 mm Scheibenbreite V'
Scheibe: 6o Jot, Werkstoff: Cr-Stahl gehärtet

Abbildung 38

Forschungsberichte des Wirtschafts- und Verkehrsministeriums Nordrhein Westfalen

Bei der Meßreihe 1 (Abb. 34) steigt der spezifische Scheibenverschleiß von 0,85 auf 1,9 %, während der Radius (Abb. 35) von etwa 7 auf 15 μ zunimmt. Die Werte verhalten sich wie $\frac{0,85}{1,9} : \frac{7}{15}$. In der zweiten Meßreihe erhalten wir (Abb. 37) eine Zunahme des spezifischen Verschleißes von 1,2 auf 2,9 %, während der Radius von 10 auf 25 μ zunimmt. Das Zahlenverhältnis ergibt sich zu $\frac{1,2}{2,9} : \frac{10}{25}$. Vergleichen wir beide Ergebnisse, so ergibt sich für den spezifischen Verschleiß $\frac{0,85}{1,9} : \frac{1,2}{2,9} = \frac{1}{2} : \frac{1}{2,4}$ Im Gegensatz zur Radiusabnahme $\frac{7}{15} : \frac{10}{25} = \frac{1}{2,1} : \frac{1}{2,5}$.

Trotz verschiedener absoluter Höhen von spezifischem Verschleiß und Radiuszunehmen verlaufen die Änderungen qualitativ gleich.

Dieses mag als Beweis dienen, daß die Profilhaltigkeit oder der Kantenverschleiß einer Scheibe mit dem spezifischen Verschleiß in einer festen Relation stehen. Eine besondere Messung der Profilhaltigkeit erübrigt sich daher in vielen Fällen, wenn der Verlauf des Verschleißes bekannt ist.

II. Die Kosten beim Maßschleifen

Bekanntlich werden vielfach die Fertigungskosten aus der Fertigungszeit mit Fertigungslohn und Gemeinkosten ermittelt. Nach den Arbeiten von J. WITTHOFF (3) ist dieses Verfahren jedoch abzulehnen, da es nicht auf eine <u>geringere Fertigungszeit</u>, sondern auf <u>geringere Fertigungskosten</u> ankommt. Eindeutige Verhältnisse liegen erst dann vor, wenn aus den Gemeinkosten die von der Bearbeitung abhängigen Anteile herausgelöst werden.

Was für die Fertigungskosten beim Drehen gilt, trifft auch für die beim Schleifen zu. Nach umfangreichen Schleifversuchen liegen genügend Unterlagen vor, um eine Kostenanalyse des Schleifens durchführen zu können. Wir gehen dabei von der Tatsache aus, daß die kostenbestimmenden Einflußgrößen u.a. auch eine Funktion der Eingriffsbedingung sind, also von a, s, v_w, v_s abhängen.

Bisher war es üblich, bei bestimmten Schleifaufgaben die Eingriffsbedingungen konstant zu halten und für festliegende Bedingungen die richtige Scheibe zu wählen. Es hat sich aber oft gezeigt, daß dieses Probieren mit verschiedenen Scheiben kostspielig und zeitraubend sein kann.

Das Prinzip der Aachener Schleifversuche war daher teilweise, durch Variation der Eingriffsbedingungen ein und dieselbe Scheibe verschiedenen Aufgaben anzupassen. Dieses Vorhaben erscheint vielleicht auch zunächst abwegig. Es ist aber zu bedenken, daß z.B. mit ein und derselben Scheibe auf einer Maschine bei Verwendung des gleichen Werkstoffes und Kühlmittels bei Variation der Eingriffsbedingungen die Rauhtiefe, der spez. Scheibenverschleiß, die Standzeit und die Bearbeitungszeit im Verhältnis bis 1 : 10 verändert werden können. Wenn es sich nicht um ganz besonders gelagerte Fälle handelt, dürfte wohl bei Verwendung verschieden bezeichneter Scheiben unter Konstanthaltung der Eingriffsbedingungen kein so grosser Unterschied zu bemerken sein.

Beim Drehen läßt sich nach den Arbeiten von J. WITTHOFF für bestimmte Bedingungen die wirtschaftlichste Schnittbedingung wählen. Aber es wird niemanden einfallen, etwa bei konstanter Schnittgeschwindigkeit und konstantem Vorschub das passende Hartmetall zu suchen.

Analog gehen wir nun beim Schleifen vor. Für das Längsschleifen lassen sich zwischen der Spanleistung, dem Produkt aus Zustellung, Seitenvorschub und Werkstückgeschwindigkeit und für das Einstechschleifen zwischen der Spanleistung, dem Produkt aus Zustellung, Werkstückgeschwindigkeit und Werkstückbreite und den veränderlichen Kostenanteilen Beziehungen herleiten.

Mit Hilfe dieser Beziehungen werden im folgenden die veränderlichen von den Zerspanungsbedingungen abhängigen Kosten aufgestellt. Ein ausgeführtes Beispiel für Längsschleifen zeigt, daß die veränderlichen Kosten für bestimmte Eingriffsbedingungen zu einem Minimum werden. Eine allgemeinere Kostenrechnung schließt sich an.

Es sei zunächst die gebräuchliche Kostenrechnung mit Gemeinkostenzuschlag angeführt. Die Fertigungskosten pro Werkstück K erhalten wir aus:

$$K = T_z \cdot L_s \cdot f$$

T_z ist die Stückfertigungszeit, L_s Stundenlohn des Arbeiters, f Faktor zur Berücksichtigung des Gemeinkostenzuschlages. Die Gleichung sagt aus, daß zwischen den Kosten K, den Stundenlöhnen L_s und den Stückzeiten T_z Proportionalität besteht. Um billiger zu fertigen, muß bei konstantem Lohn die Stückzeit oder der Gemeinkostenfaktor kleiner werden.

Die Stückzeit setzt sich zusammen aus:

$$T_z = t_r + z \left(t_n + t_h + \frac{t_w}{n} \right)$$

t_r = Rüstzeit

z = Stückzahl

t_n = Nebenzeit

t_h = Hauptzeit

t_w = Verlustzeit zur Werkzeuginstandhaltung

n = Standzahl, Zahl der Werkstücke pro Standzeit.

Die Zeiten t_r, t_n, t_h und t_w müssen demnach möglichst klein sein. Die Hauptzeit t_h kann nur durch eine größere Spanleistung abfallen, denn je größer die Spanleistung, desto kleiner ist die Hauptzeit bezogen auf ein Werkstück. Große Spanleistungen erzeugen aber kleinere Standzahlen. Die Hauptzeit t_h beeinflußt die Stückzahl T_z im umgekehrten Sinn wie die Verlustzeit t_w, die mit größerer Spanleistung ansteigt. Auf Grund dieser Überlegung zeigt sich, daß eine einwandfreie Kostenrechnung nur unter Berücksichtigung aller Zeiten möglich ist. Anderenfalls kommen wir zwangsläufig zu falschen Schlüssen, umso mehr, als bei höheren Spanleistungen die Kosten für das Werkzeug durch höheren Abrichteverschleiß und Diamantenverbrauch stärker ansteigen als sich aus obiger Formel ergibt.

Mit größerer Spanleistung können die Werkzeugkosten schließlich die Fertigungslohnkosten überwiegen und die Summe der veränderlichen Kosten steigt an.

Optimale Schleifbedingungen, wie sie in den Bearbeitungsbeispielen nun ermittelt werden, ergeben zwischen den veränderlichen Kosten einerseits und der Oberflächengüte andererseits einen bestmöglichen Kompromiß.

1. Die veränderlichen Herstellungskosten beim Schleifen

Für die nun folgenden Ausführungen sind folgende Kostenanteile definiert:

K_1 = Fertigungskosten (zeitproportional); berücksichtigt werden Lohn, Platzkosten, Abschreibung, nicht aber Nebenzeiten, z.B. für das Einlegen, Messen und Spannen des Werkstückes. Nebenzeiten verursachen in unserem Sinne fixe Kosten. Sie brauchen nicht erfaßt zu werden.

K_2 = Kosten, die durch "produktiven" Verschleiß der Scheibe hervorgerufen und auf das jeweilige Werkstück bezogen werden. "Produktiver" Verschleiß ist derjenige Verschleiß, der während des Schleifens entsteht.

K_3 = Kosten, die durch "unproduktiven" Verschleiß der Scheibe beim Abrichten derselben entstehen.

K_4 = Kosten, die durch Totzeiten beim Abrichten der Scheibe entstehen.

K_5 = Kosten für die zum Schleifen eines Werkstückes benötigte Energie. Dieser Anteil ist meist in den Gemeinkosten enthalten. Prinzipiell müßte er als veränderlicher Anteil behandelt werden. Es stellt sich jedoch heraus, daß er im Gegensatz zu den anderen Anteilen oftmals vernachlässigt werden kann.

Die Kosten für die Instandhaltung und Erneuerung des Abrichtdiamanten bleiben bei diesem Beispiel unberücksichtigt. Im allgemeinen können sie durch einen festen Zuschlag zu den Werkzeugkosten berücksichtigt werden.

2. Bearbeitungsbeispiel

Es soll ein Bolzen nach Abbildung 39 außenrundlängsgeschliffen werden. Bei einem Durchmesser von 50 mm und einer Länge von 100 mm erhalten wir nach Hütte eine Schleifzugabe von δ = 0,35 mm. Diese Zugabe ist abhängig von der <u>Güte der Maschine</u>, Genauigkeit der Vorbearbeitung, Geschicklichkeit des Arbeiters und der anfallenden Stückzahl. Die Zugabe beeinflußt die Kosten in starkem Maße. Sie sollte daher möglichst klein gehalten werden. Aus der Werkstücklänge ergibt sich der Gesamthub für das Längsschleifen zu:

$$L = \ell_w + \text{Überlauf}$$

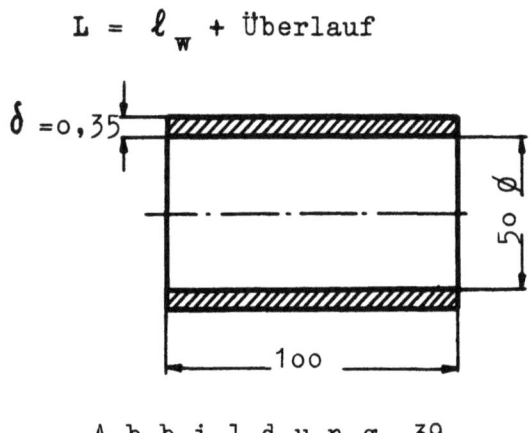

Abbildung 39
Bearbeitungsbeispiel

In diesem Fall wurde kein Überlauf gewählt, dann ist $L = \ell_w$ = 100 mm. Die halbe Scheibenbreite ragt am Hubende über das Werkstück. Ein kleinerer Hub, ($L < \ell_w$) verkürzt die Hauptzeit, führt jedoch zu einer größeren Beanspruchung der Scheibe, zu einer Vergrößerung der geometrischen Ungenauigkeit des Werkstückes und eventuell zu einem Standzeitabfall infolge ungleichmäßiger Abnutzung der Scheibe.

Forschungsberichte des Wirtschafts- und Verkehrsministeriums Nordrhein Westfalen

Die zur Bearbeitung erforderliche Hubzahl i ergibt sich aus dem Weg des Schleifspindelstockes x und der Zustellung pro Hub a. Es gilt $i = x/a$. Je nach Einrichtung der Maschine und der Güte der Vorbearbeitung ist x um einen gewissen Zuschlag größer als die Schleifzugabe δ. Wir setzen $x = \delta$. Die Zeit für einen Hub ergibt sich aus: L/v_T, wenn v_T die Tischgeschwindigkeit (m/min) ist. Die reine Bearbeitungszeit t_h ist:

$$t_h = i \frac{L}{v_T} = \frac{\delta}{a} \cdot \frac{\ell_w}{v_T}$$

oder, wenn man für $v_T = s \cdot n_w$ und für $n_w = \frac{v_w}{d \cdot \pi}$ setzt.

(1) $$t_h = \frac{\delta \cdot \ell_w \cdot d \cdot \pi}{a \cdot s \cdot v_w} = \frac{Vol_w}{Vol_w} \quad [s]$$

Darin bedeutet Vol_w das abzuschleifende Werkstückvolumen (mm³) und $Vol_w = a \cdot s \cdot v_w = a \cdot v_T \cdot d \cdot \pi$ die Spanleistung (mm³/s).

Die Versuche haben gezeigt, daß man die Umfangskraft, den Scheibenverschleiß, sowie die Werkstückrauhtiefe als Funktion der Spanleistung Vol_w darstellen kann. Ebenso läßt sich das Standvolumen V_T für eine Schleifscheibe als Funktion der Spanleistung angeben. Unter Standvolumen verstehen wir dasjenige Volumen, welches zwischen zwei Abrichtvorgängen von der Scheibe zerspant werden kann.

Innerhalb eines weiten Bereiches werden die obigen Einflußgrößen a, s und v_w in gleicher Weise beeinflußt. Die genannten Einflußgrößen lassen sich auf die Kennzahl Q_1 beziehen (2,4), besitzen dann aber nicht die gleiche Anschaulichkeit, obwohl sie allgemeiner dargestellt sind.

Im folgenden vaiiert daher das Produkt aus a, s und v_w, d.h. Vol_w und zwar bei der Untersuchung der Schleifkosten für den in Abbildung 39 dargestellten Bolzen in 6 Stufen, von 7,25 bis 45 mm³/s, (siehe Tabelle 3, Spalte 1). Man erhält beispielsweise für $a = 0,01$ mm/H, $v_w = 0,3$ m/s und $s = 15$ mm/U eine Spanleistung von 45 mm³/s. Das abzuschleifende Volumen Vol_w ist für das gewählte Werkstück eine Konstante mit $100 \cdot 50 \cdot 0,35 \cdot 3,14 = 5500$ mm³. Die Hauptzeiten nach Gleichung (1) finden sich in Tabelle 3, Spalte 2. Die Kosten des Anteiles K_1 (Tabelle 1, Spalte 3) erhalten wir mit dem Kostenfaktor L_s zu:

(2) $$K_1 = t_h \cdot L_s \quad [\text{DM/Stk}]$$

Der Kostenfaktor (Lohn, Platz und Abschreibungskosten) ist hier mit 1/6 Dpf/sec = 1o Dpf/min = 6.-- DM/h angenommen. Tabelle 3 und Abbildung 4o zeigen, wie die Kosten K_1 durch größere Spanleistungen hyperbolisch abfallen. Die Bearbeitungszeiten gehen dabei den Spanleistungen entsprechend von 12,6 min oder 76o sec auf 2 min bzw. 122 sec zurück. Bei der kleinsten Spanleistung von 7,25 mm^3/s handelt es sich um eine ausgesprochene Schlichtbedingung, die sich beispielsweise für a = 2,5 μ/Hub, s = 6 mm/U und v_w = o,48 m/sec ergibt.

Um die Werkzeugkosten zu berechnen, muß das Standvolumen der Schleifscheibe bekannt sein. Das Standvolumen einer Scheibe, bei der die Profilhaltigkeit von untergeordneter Bedeutung ist, wird dann erreicht, wenn die Scheibe eine zu große Werkstückrauhtiefe bewirkt, übermäßig starke Rattermarken erzeugt oder - nach Schlesinger - an Stelle des zischenden, schneidenden Zerspanungsgeräusches ein solches rumpelnder oder polternder Art entstehen läßt. Alle diese Eigenschaften sind zurückzuführen auf die Veränderung der Scheibe im Schnitt nach dem Abrichten. Die Scheibe büßt an Schnittfähigkeit ein, sie drückt stärker auf das Werkstück, und es bilden sich zunehmend Unregelmäßigkeiten auf ihrer Oberfläche, die durch Kornsplitterungen und Ausbrüche hervorgerufen werden. Die Unregelmäßigkeiten dieser Ausbrüche sind bei einer zu harten Schleifscheibe ausgeprägter als bei einer weichen.

Für das Längs- und Einstechschleifen zylindrischer und kegeliger Werkstücke hat sich eine Standzeitdefinition herausgebildet, welche von einer laufenden Rauhtiefen- oder Schwingungsmessung am Werkstück abhängt (1).

Abbildung 41 zeigt die Werkstückrauhtiefe unter dem Einfluß einer Scheibe 6o Jot vom Zustand unmittelbar nach dem Abrichten (41a) und nach Beendigung der Standzeit (41d) bis zum Erreichen des Standvolumens. Die Rauhtiefen steigen mit längerer Schleifdauer an. Als Versuchsdaten sind hier zu nennen: Werkstoff: ungehärteter Chrom-Stahl, Schleifscheibe 6o Jot, Spanleistung 13 mm^3/s, a = 4,2 μ/Hub, v_s = 34 m/s, v_w = o,2 m/s, Schleifvorgang: Einstechschleifen.

Als Standzeit wurde diejenige Zeit verstanden, innerhalb der eine bestimmte Rauhtiefe oder ein bestimmtes Verhältnis von Ausgangsrauhtiefe zu Endrauhtiefe nicht überschritten wird.

Tabelle 3

Nr. Versuch	1 Spanleistung $Vol_W = a \cdot s \cdot v_W$ mm³/s	2 Bearbeitungshauptzeit $t_h = \frac{Vol_W}{\dot{Vol}_W}$ s	3 Kosten pro Werkstück $K_1 = L_s \cdot t_h$ Dpf.	4 Standzeit T min	4 Standzeit T s	5 Standvolumen $V_T =$ $n \cdot \dot{Vol}_s = T \cdot Vol_W$ mm³	6 Standzahl n n	7 Standzahl nach Rei- ber n	8 Abrichtekosten $\frac{K_3' + K_4'}{n}$ Dpf/St	9 produktiver Scheiben- verschleiß $\dot{Vol}_s$ cm³/Stk	10 spez. Scheibenver- schleiß S %	11 Kosten für produktiven Scheibenverschleiß K_2 Dpf/Stk	12 Werkzeugkosten $K_2 + \frac{K_3' + K_4'}{n}$ Dpf/Stk	13 tangentiale Schnitt- kraft P_1 kg	14 Fertigungskosten Σk Dpf/Stk	15 Rauhtiefe R μ
1	7,25	760	126	38	2280	16520	3	4	41	0,110	2	0,7	42	1,2	168	0,5
2	10,50	520	87	25	1500	15750	2,86	4	43	0,148	2,7	1,0	44	1,6	131	0,7
3	14,5	378	63	17	1020	14800	2,7	4	46	0,204	3,7	1,5	48	2,0	111	0,85
4	19	290	48	12	720	13700	2,5	4	50	0,275	5	2,0	52	2,4	100	1,0
5	34	162	27	5,5	330	11200	2,0	4	62	0,440	8	3,5	66	3,4	93	1,45
6	45	122	21	4	240	10800	1,9	4	66	0,660	12	5,0	71	4,2	92	1,7

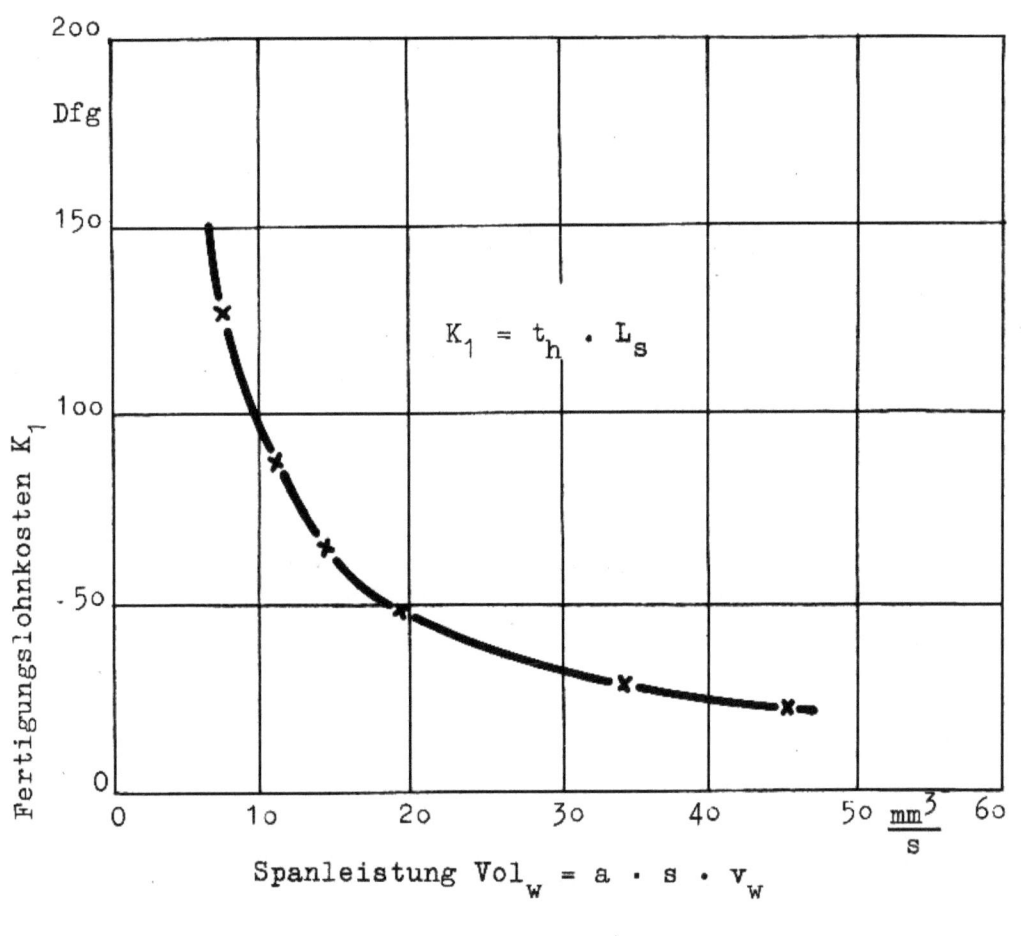

Abbildung 40

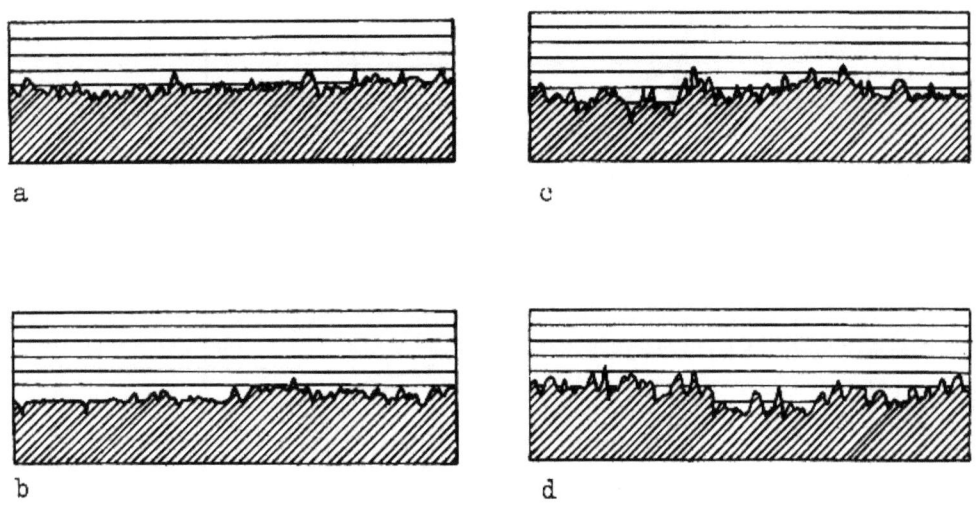

Abbildung 41

Werkstückrauhtiefe im Verlauf einer Versuchsreihe

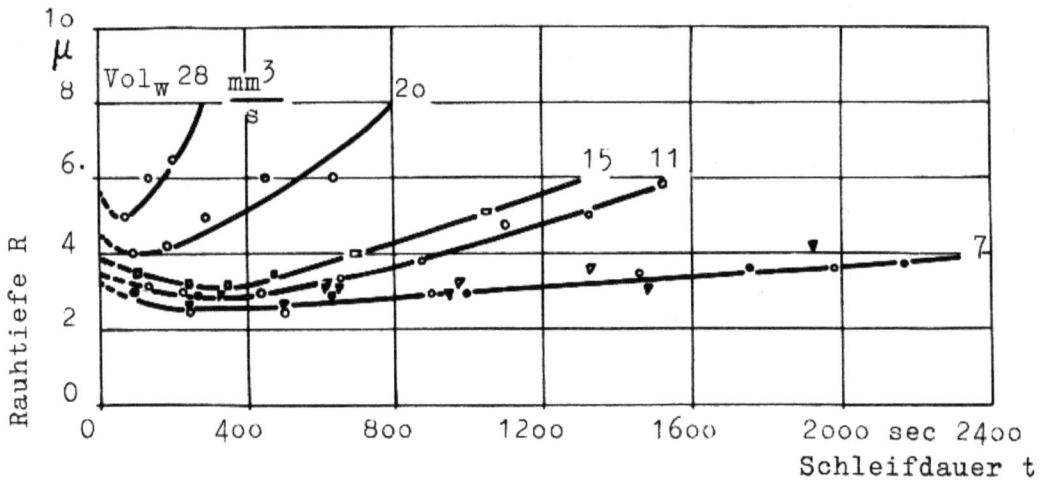

Abbildung 42

Werkstoff: Legierter Stahl, Scheibe: 60 Jot

Kühlung: Emulsion 1 : 70

Abbildung 42 zeigt beispielsweise den Rauhtiefenverlauf bei verschiedenen Spanleistungen Vol_w für das Einstechschleifen. Unter der Annahme, daß die Rauhtiefe am Ende der Standzeit gleich der 1,5-fachen Anfangsrauhtiefe sein darf, ergaben sich für diesen Versuch die Standzeiten und Standvolumina nach Abbildung 43.

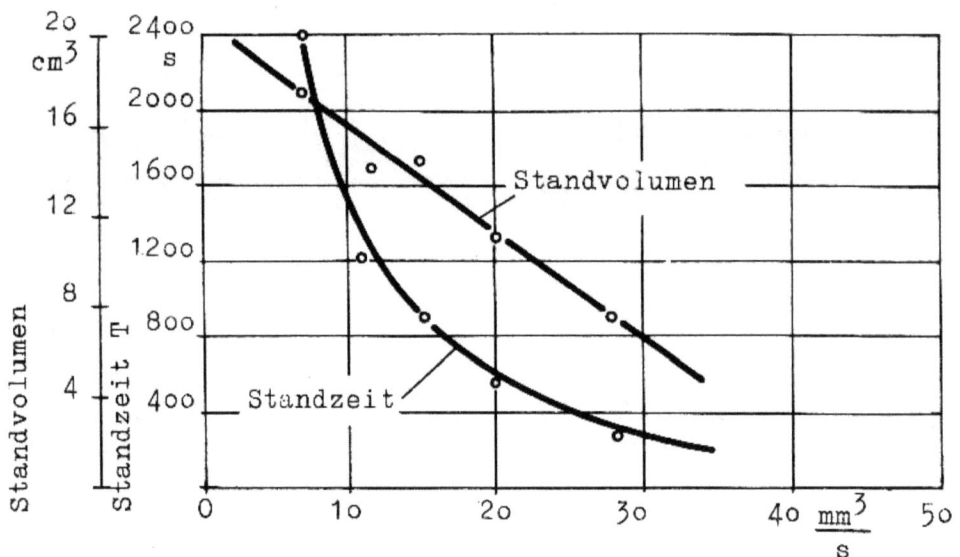

Spanleistung $Vol_w = a \cdot v_w \cdot b$

Abbildung 43

Als Beweis für die richtige Wiedergabe dieser Zusammenhänge lassen sich Versuche anführen, deren Ergebnisse dem Verfasser von Obering. E. REIBER, Bad Cannstatt, freundlicherweise zur Verfügung gestellt wurden. Es wurde dabei im Einstechverfahren geschliffen (Abb. 44). Die Rauhtiefe als Funktion der Werkstückzahl bzw. der Spanabnahme oder reinen Schleifzeit nimmt den in Abbildung 44 angegebenen Verlauf. Man erkennt, wie die Rauhtiefe in Übereinstimmung mit Abbildung 42 nach dem bekannten Abfall bei Beginn des Schleifens allmählich wieder ansteigt.

Über ähnliche Übereinstimmung bei Standzeit und Standzahlermittlungen wurde bereits an anderer Stelle berichtet (1). Qualitativ gleiche Ergebnisse liegen auch der von MASSLOW (5) angegebenen Standzeitformel zu Grunde, auf die noch näher eingegangen wird.

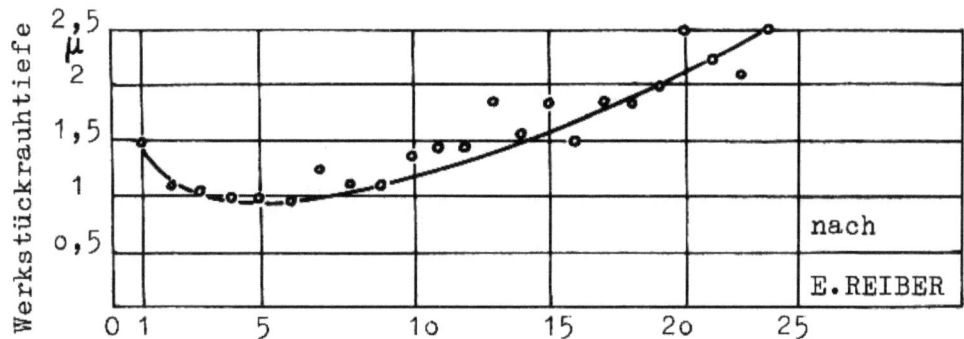

Anzahl der geschliffenen Werkstücke
∼ zerspantes Werkstoffvolumen

A b b i l d u n g   44

Die bis jetzt durchgeführten Standzeitversuche für Einstech- und Längsschleifen lassen ein allgemeines Gesetz erkennen, über welches in speziellen Arbeiten zu berichten wäre. Die beim Schleifen des Bolzens ermittelten Standzeiten sind für die jeweilige Spanleistung in Spalte 4, Tabelle 3 eingetragen. Sie wurden durch laufende Rauhtiefenmessungen ermittelt, und als Standzeit wurde diejenige Zeit angesehen, nach welcher die Rauhtiefe das 1,5-fache ihres Anfangswertes erreichte.

Aus Standzeit und Spanleistung erhalten wir das Standvolumen und somit auch die Zahl der Werkstücke, die Standzahl, die sich innerhalb einer Standzeit für die entsprechenden Bearbeitungsbedingungen schleifen lassen.

Es ist: $n \cdot Vol_w$ = Standvolumen = Standzeit · Spanleistung

(3) $\qquad = T \cdot Vol_w = V_T \text{ (mm}^3\text{)}$

und die Zahl der Werkstücke pro Standzeit (Standzahl)

(4) $$n = \frac{T \cdot Vol_w}{Vol_w} = \frac{V_T}{Vol_w}$$

(Tabelle 3, Spalte 5 und 6). Man erkennt das Anwachsen des Standvolumens bei kleineren Spanleistungen. In einem solchen Fall muß der Exponent $\mathcal{K}$ der Kurve $T = f(Vol_w)$ größer als 1 sein. Die Werkstücke, die sich nach E. REIBER (6) innerhalb einer Standzeit schleifen lassen (Standzahlen), sind in Spalte 7, Tabelle 3 aufgeführt. Sie zeigen unabhängig von der Spanleistung den Wert n = 4 für die Schleifscheibe mit einem Durchmesser von 300 und einer Breite von 25 mm und ein Werkstück von 50 mm Durchmesser und 100 mm lang.

Die Kosten für das Abrichten der Scheibe entstehen durch Verlustzeiten und den Scheibenverschleiß. Die Abrichtzeit beträgt $t_w = t_{w1} + t_{w2}$. t_{w1} ist die reine Abrichtzeit, t_{w2} die Nebenzeit zum Einstellen der Abrichtvorrichtung, Nachstellen des Diamanten, Heranfahren usw. Die Zeit t_{w1} ist abhängig von der Scheibenbreite, Zahl der Abrichthübe und der Abrichtgeschwindigkeit. Es wurden für dieses Beispiel 6 Abrichtehübe mit einer Geschwindigkeit v_{TAb} = 1,0 mm/s gewählt. Das entspricht einem Seitenvorschub pro Scheibenumdrehung von 0,05 mm/U bei 1500 U/min. Die Nebenzeit t_{w2} beträgt nach REIBER etwa 0,35 min, die reine Abrichtzeit t_{w1} für unseren Fall 210/1,0 = 210 sec = 3,5 min. Sie ergibt sich aus der gesamten Abrichtlänge dividiert durch Geschwindigkeit v_{TAb}. Die gesamte Abrichtzeit beträgt t_w = 3,5 + 0,35 min = 210 + 18 = 228 sec. Die reinen Abrichtzeiten sind hier um eine Größenordnung höher als die entsprechenden Nebenzeiten. Die Kosten ergeben sich zu:

(5) $\qquad K_4' = t_w \cdot L_s \qquad$ (Dpf/Abrichtung)

und betragen ausgerechnet:

$$\frac{228}{6} = 38,5 \text{ Dpf.}$$

Die Kosten für den unproduktiven Verschleiß der Scheibe bei **6 Abrichthüben**

Forschungsberichte des Wirtschafts- und Verkehrsministeriums Nordrhein Westfalen

mit insgesamt 0,4 mm Zustellung (0,4 mm ist bei einer Körnung 60 etwa Kornschichtdicke) errechnen sich zu:

$$K_3' = Vol_{sAb} \cdot k_s \qquad [\text{Dpf/Abrichtung}]$$

(6)
$$Vol_{sAb} = \delta_{Ab} \cdot d_s \cdot \pi \cdot b_s = 12250 \text{ mm}^3 = 12,25 \text{ mm}^3$$

$$d_s = 325 \text{ mm}, \quad b_s = 25 \text{ mm}$$

Mit $Vol_{sAb} = 12,3 \text{ cm}^3$ und $k_s = 7 \text{ Dpf/cm}^3$ ergibt sich $K_3' = 86$ Dpf/Abrichtung. Mit den Kosten K_3' und K_4' lassen sich die Werkzeugkosten pro Werkstück angeben. Abrichtkosten pro Werkstück:

$$\frac{K_3' + K_4'}{n} = K_3 + K_4$$

sind in Tabelle 3, Spalte 8 eingetragen. Die Werkzeugkosten steigen mit größerer Spanleistung an, da die Standzahlen mit der Spanleistung absinken.

Nun fehlen noch die Kosten K_2 für den produktiven Scheibenverschleiß. Den mittleren Verschleiß der Scheibe für eine Standzeit tragen wir über der Spanleistung auf (Abb. 45).

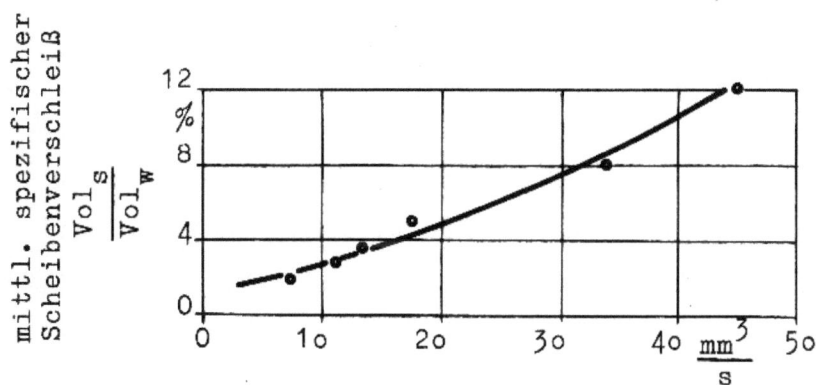

A b b i l d u n g 45

Es ergab sich ein Anstieg des Scheibenverschleißes von 2 bis 12 %. Aus dem mittleren spezifischen Scheibenverschleiß erhalten wir, je nach

Spanleistung, das verlorengegangene "produktive" Scheibenvolumen bezogen auf ein Werkstück.

Es ergibt sich zu:

(7) $$Vol_s = S \cdot Vol_w = S \cdot \frac{V T}{n}$$

und die Kosten K_2 erhalten wir aus:

$$K_2 = Vol_s \cdot k_s$$

Die entsprechenden Werte sind in Spalte 9, 1o und 11, Tabelle 3 zusammengestellt. Der Kostenanteil K_2 nimmt, wie die Tabelle zeigt, mit größeren Spanleistungen ebenfalls zu. Das Verhältnis des "produktiven" Verschleisses der Scheibe zum "unproduktiven" beim Abrichten ist im Maximum o,1 und im Minimum o,o13, d.h. mindestens um eine Größenordnung verschieden.

Die wirtschaftliche Bedeutung des produktiven Verschleißes im Gegensatz zum unproduktiven ist daher für diesen Bearbeitungsfall zu vernachlässigen. Die veränderlichen, von der Spanleistung abhängigen Kostenanteile, bestehen im wesentlichen aus denen durch Fertigungszeit und Standzeit verursachten. Auch die Energiekosten sind sehr klein, wie noch gezeigt wird. Beim Schruppschleifen oder sehr weichen Schleifscheiben liegen unter Umständen andere Verhältnisse vor, und es können die Kosten überwiegen, welche durch den produktiven Scheibenverschleiß verursacht werden.

In unserem Fall erhalten wir bei höchster Spanleistung $Vol_w = 45$ mm³/s, eine Umfangskraft P_1 von 4,15 kg (siehe Spalte 12, Tabelle 3 und Abb. 9). Daraus ergibt sich eine Leistung $N = P_t \cdot v_s$ mit $v_s = $ 3o m/s zu $N =$ 125 mkg/s = 1,2 KW, und die Kosten betragen: 12 Dpf/h, wenn 1 KW/h mit 1o Dfg in Rechnung gesetzt wird. (Die Leerlauf- und Verlustleistung ist zu den fixen Kosten hinzuzurechnen). Das Werkstück benötigt zur Fertigstellung bei $Vol_w = 45$ mm³/s eine Zeit von 2,o min und somit 12/3o = o,4 Dpf pro Werkstück. Auch die Energiekosten sind klein im Vergleich zu den Fertigungslohn- und Werkzeugkosten. Die Umfangskraft steigt mit der Spanleistung etwa parabolisch an (Abb. 46), die Hauptzeit t_h sinkt direkt umgekehrt proportional mit ihr; so daß die Energiekosten mit der Spanleistung abnehmen, wenn sie auf ein Werkstück bezogen werden.

Abbildung 47 zeigt die auf das Werkstück bezogenen Kostenanteile über der

Spanleistung. Bei etwa 45 mm³/s ergibt sich ein Minimum an veränderlichen Kosten. Neben der Wechselwirkung zwischen Kostenanteilen und Spanleistung zeigen Tabelle und Diagramme die Größen der einzelnen Kostenanteile und damit ihre wirtschaftliche Bedeutung. Unter diesen Bedingungen wäre eine Kostenanalyse bei Vernachlässigung der Energie und des produktiven Schleifscheibenverschleißes eine gute Näherung, da beide Anteile klein im Gegensatz zu dem Kostenanteil K_1 und $\frac{K_3' + K_4'}{n}$ sind. Erst bei weiterer Erhöhung der Spanleistung gewinnt der produktive Scheibenverschleiß an Bedeutung. Für den allgemeinen Fall des Genauigkeitsschleifens kann erst nach Überprüfung einzelner Kostenanteile entschieden werden, welche Anteile vernachlässigt werden können. In anderen Versuchen bei anderen Paarungen Schleifscheibe - Werkstoff, z.B. beim Schleifen von Hartmetall, hat sich teilweise ein spez. Scheibenverschleiß von mehrfacher Größe ergeben. Dann kommt dem produktiven Verschleiß auch beim Feinschleifen größere Bedeutung zu. Auch bei bestimmten anderen Schleifverfahren, z.B. Pendelschleifen in Gußputzereien, Schruppschleifen u.a., ist die Standzeit groß; die Schleifscheiben brauchen kaum abgerichtet zu werden, so daß der Kostenanteil durch produktiven Verschleiß ausschlaggebend ist. Weiche Scheiben neigen zu einem höheren produktiven Verschleiß. Sie können diesen wirtschaftlichen Verlust ausgleichen, wenn sie gleichzeitig höhere Standzeit bewirken.

Unberücksichtigt blieb bei der bisherigen Betrachtung die Rauhtiefe. Um optimale Bedingungen zu erhalten, müssen wir den Verlauf der Rauhtiefe als Funktion der Spanleistung kennen. Nach zahlreichen Versuchen wurde festgestellt, daß die Rauhtiefe unter sonst konstanten Bedingungen durch die Beziehung

$$\left[R = C \cdot (Vol_w)^{\varepsilon} \right]$$

mit der Spanleistung verknüpft ist. Auch in unserem Fall besitzt die obige Beziehung zwischen Rauhtiefe und Spanleistung Gültigkeit (Abb. 47, Tabelle 3). (Es ergibt sich über Vol_w eine parabolische Rauhtiefenkurve, der Exponent ε ist kleiner als 1, er beträgt hier etwa 0,6). Man erkennt, daß eine Spanleistung von 45 mm³/s eine Rauhtiefe von 1,7 µ zur Folge hatte. Sind geringere Rauhtiefen erforderlich, so muß die Spanleistung herabgesetzt werden, obwohl die Kosten ansteigen. Das Optimum zwischen Kosten und Oberflächengüte ist nun zu wählen.

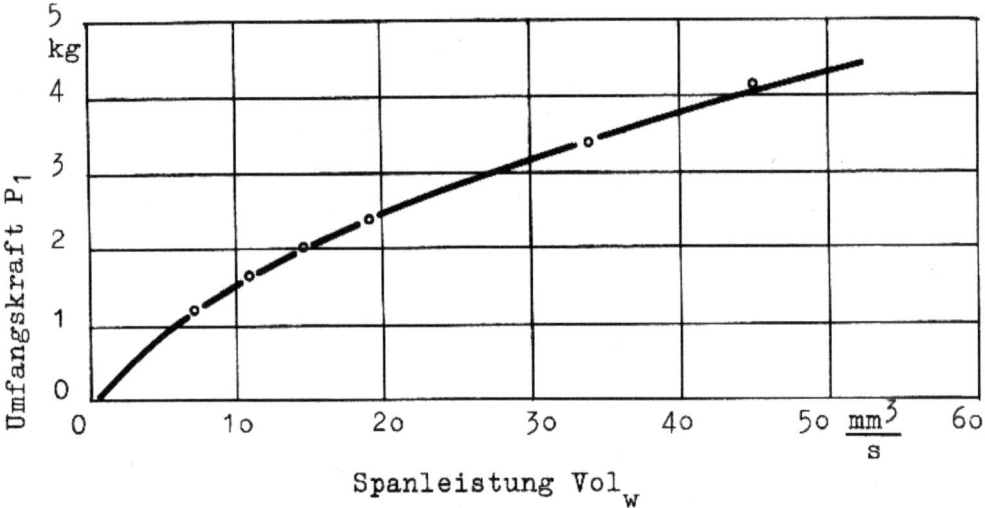

Abbildung 46

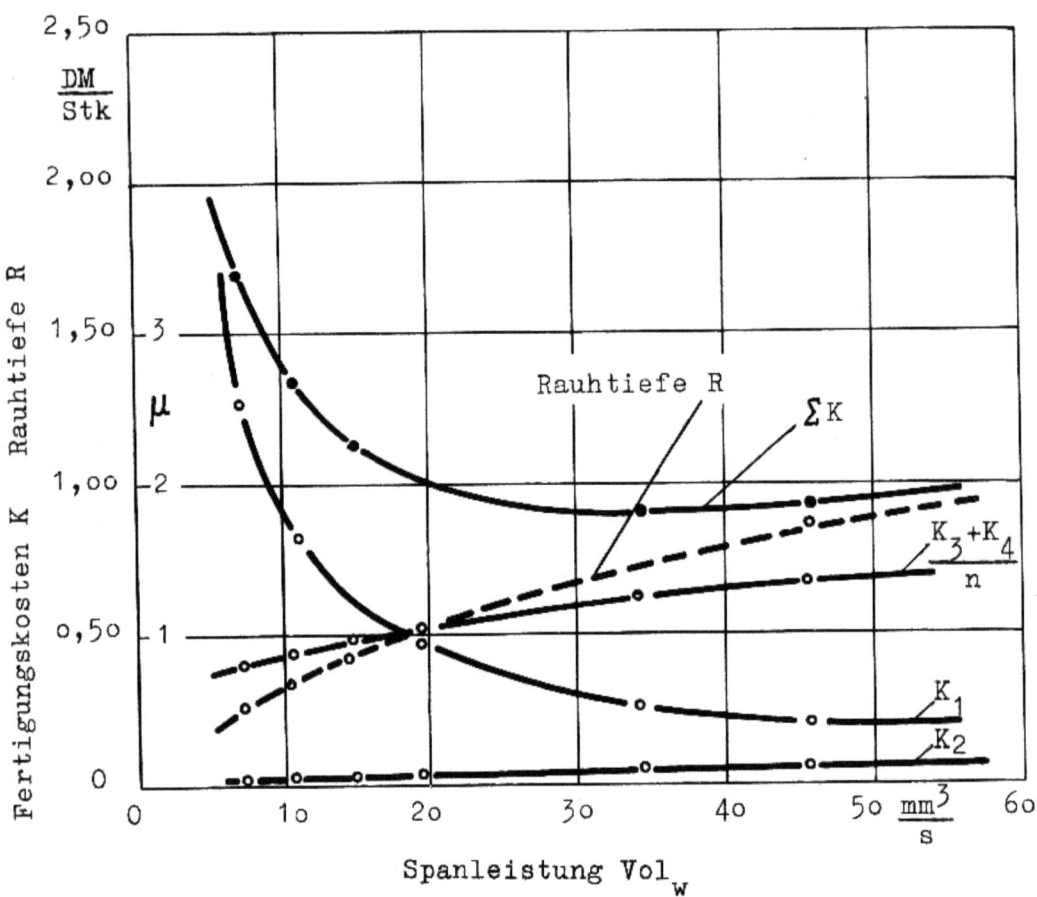

Abbildung 47

Man benötigt für eine Rauhtiefe von 1 μ nach Abbildung 47 und Tabelle 3 eine Spanleistung von etwa 19 mm^3/s. Die veränderlichen Kosten steigen dabei nach Abbildung 47 von 92 Dpf/Werkstück auf 1,oo DM/Stck an. Eine Rauhtiefenverbesserung von 1,7 auf 1,o μ = 40 % verlangt eine Kostenerhöhung von o,92 auf 1,oo DM/Stck = 8 %. (jeweils bezogen auf den Ausgangswert). Würde man jedoch eine Maximalrauhtiefe von o,5 μ festlegen, so ergäben sich an Kosten für eine Spanleistung von 6 mm^3/s entsprechend einer Rauhtiefe von o,5 μ nach Abbildung 47 etwa 168 Dpf/Werkstück. Das entspricht einer Rauhtiefenverbesserung von 7o % und einem Mehraufwand an Kosten von 85 %. Man erkennt, wie die Kosten sich erhöhen, wenn kleinere Rauhtiefen verlangt werden (Kostenhyperbel). Aus der Kostenkurve, die schon oberhalb einer Spanleistung von 2o mm^3/s sehr flach verläuft, erkennt man jedoch auch, daß zwischen 45 und 2o mm^3/s eine erhebliche Rauhtiefenverbesserung ohne merkliche Kostensteigerung möglich ist.

Spanleistungen oberhalb des Kostenminimums sind auf jeden Fall abzulehnen. Durch Vor- und Fertigschliff, durch Auswechseln der Scheibe gegen eine feiner gekörnte, oder durch Ausfunken lassen sich Rauhtiefenverbesserungen erzielen, ohne derartig hohe Kostenanstiege. Auf diesen Zusammenhang wird noch hingewiesen.

3. Allgemeine Beziehungen zur Durchführung von Kostenanalysen beim Schleifen

Das oben angeführte Bearbeitungsbeispiel war speziell. Es werden nun Beziehungen abgeleitet, die allgemeinere Gültigkeit besitzen und mit deren Hilfe sich Kostenanalysen durchführen lassen.

Abbildung 48 stellt den Ablauf des Einstechschleifens als Weg-Zeitfunktion dar. Nach dem Einlegen des Werkstückes mit der Nebenzeit t_{n1}, der Schnellverstellung des Schleifspindelstockes mit der Nebenzeit t_{n2} und der Geschwindigkeit x_o/t_{n2} beginnt der Vorschliff. Die Einstechgeschwindigkeit beträgt dabei x_1/t_{h1}, wenn x_1 der Weg, t_{h1} die Hauptzeit während des Vorschleifens sind. Das eventuelle Fertigschleifen geht mit einer geringeren Einstechgeschwindigkeit x_2/t_{h2} vor sich, und schließlich kann das Ausfunken mit der als konstant angenommenen Geschwindigkeit x_3/t_{h3} erfolgen. Der Weg x_3 ist gleich der Aufbäumung der Schleifmaschinen. Er hängt daher von der Starrheit der Maschine und von der Größe der Normalkraft zwischen Scheibe und Werkstück der vorangegangenen Schleifoperation ab. Verzichtet man auf Fertigschliff ($t_{h2} = 0$) und läßt im Anschluß an den Vorschliff ausfunken, so ist die Aufbäumung zu Beginn des Ausschleifens größer als bei Einlage des Fertigschliffes mit relativ kleinen Normalkräften. Wie sich aus den Versuchen ergibt, ist die Änderung der Rauhtiefe umso stärker, je höher die Normalkraft der vorangegangenen Schleifoperation war.

Nach dem Ausfunken fährt der Schleifspindelstock im Eilgang zurück, wobei er die Nebenzeit t_{n3} benötigt. Währenddessen oder nach dem Zurückfahren wird das Werkstück entnommen und ein neues eingelegt.

Für die weiteren Betrachtungen sind die Nebenzeiten ohne Interesse, obwohl sie die fixen Fertigungslohnkosten erheblich beeinflussen können. Sie sind vor allem von der Maschine und vom Werkstück abhängig (Form, Gewicht usw.), leicht festzustellen und unabhängig von den Bearbeitungsbedingungen.

Die Zustellgeschwindigkeit der Scheibe beim Einstechen ist ein Produkt aus Zustellung a pro Umdrehung (μ/U) und der Werkstückdrehzahl $n_w \left[s^{-1}; \right]$ Zustellgeschwindigkeit = $a_i \cdot n_{wi}$.

Das Ausschleifen erfolgt meist mit festgelegten Zeiten. Wir erhalten als Hauptzeiten:

$$(8) \qquad t_h = \frac{x_1}{a_1 \cdot n_{w1}} + \frac{x_2}{a_2 \cdot n_{w2}} + t_3$$

Wenn n_w für Vor- und Fertigschliff konstant bleibt, - was meist der Fall ist, - so ergibt sich:

$$(9) \qquad t_h = \frac{1}{n_w} \left(\frac{x_1}{a_1} + \frac{x_2}{a_2} \right) + t_3$$

Je größer die Zustellgeschwindigkeit, umso kleiner ist die Hauptzeit. Die Zugabe $\delta \approx x_1 + x_2 + x_3$ erhöht die Hauptzeit. Unberücksichtigt blieb in den Formeln (8) und (9) für die Zeit zum Vor- und Fertigschliff die Aufbäumung der Maschine. Sie bewirkt eine Erhöhung der Hauptzeit t_{h1}, wenn die konstante Spanabnahme erreicht werden soll. Nach Abbildung 48 wird bei Beginn des Vorschleifens auf Grund der konstanten Einstechgeschwindigkeit x_1/t_{h1} angenommen, daß sofort die volle Zustellung a vorhanden ist. Um die eingestellte Spanleistung wirklich zu erreichen, muß jedoch

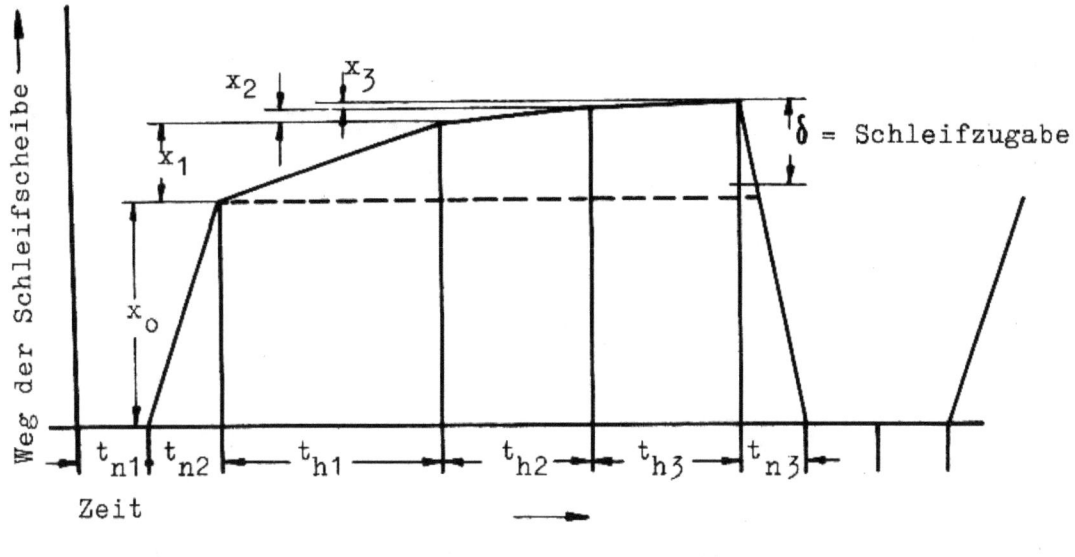

Abbildung 48

erst die volle Normalkraft vorhanden sein, deren Höhe zu der betreffenden Spanleistung in einer bestimmten Relation steht. Bevor dieser Punkt erreicht ist, ergibt sich als wirkliche Zustellung ein Wert, der um die jeweilige Durchbiegung f geringer ist.

Das Zeit-Weg-Diagramm (Abb. 48) wird nun entsprechend korrigiert (Abb. 48a).

Es zeigt sich, daß ein Zeitverlust eintritt, der mit der Gesamtdurchfederung (Aufbäumung) des Systems Werkstück-Werkzeug-Maschine zunimmt. In Abbildung 48a ist angenommen, daß der Vorschliff beginnt, wenn die Schleifscheibe das Werkstück berührt. In Wirklichkeit ist die Kurve der effektiven Spanabnahme nach oben verschoben, weil der Vorschliff beginnen muß, bevor die äußerste Schleifzugabe mit der Scheibe erreicht wird. Prinzipiell bleiben jedoch die Zusammenhänge von der Toleranz der Schleifzugabe unbeeinflußt. Beim Umschalten auf den Fertigschliff wird ein Teil des Zeitverlustes wieder ausgeglichen, da beim Übergang von großer Spanleistung auf eine kleinere auch die Normalkraft abnimmt und somit die Durchfederung zunächst eine größere Spanleistung bewirkt als sie sich auf Grund des Zeit-Weg-Diagrammes aus Abbildung 48 ergeben würde.

Bei Verwendung einer Meßsteuerung bleibt die Toleranz des fertiggeschliffenen Werkstückes von den Durchfederungen unabhängig. Der Fertigschliff setzt jedoch erst später ein, und es kann vorkommen, daß bei großer Durchbiegung die für den Fertigschliff vorgesehene kleinere Spanleistung nicht mehr erreicht wird.

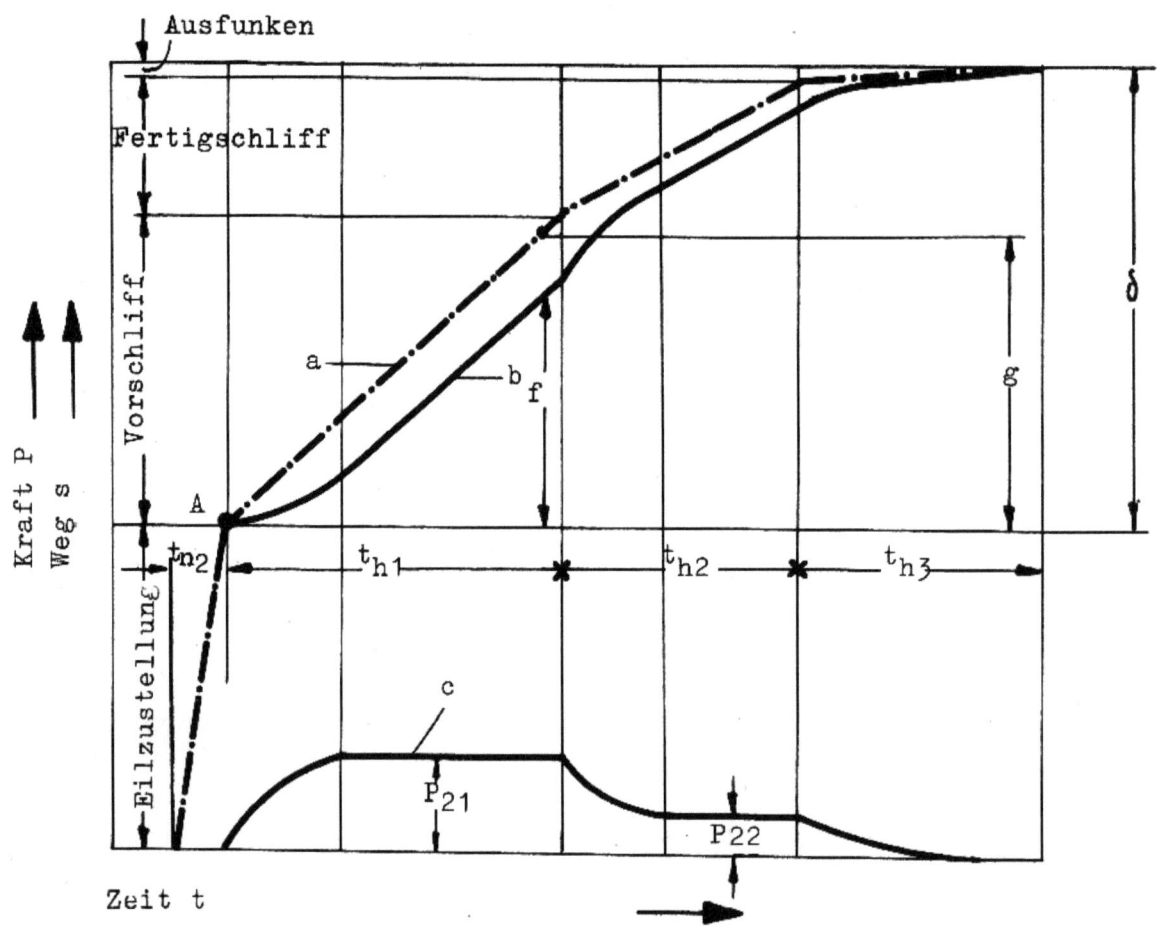

Abbildung 48a

a = Weg-Zeit-Diagramm bez. auf Spindelstock

b = Relativbewegung zwischen Scheibe u. Werkstück

c = Tangentialkraft-Zeit-Kurve

δ = Schleifzugabe

f = Wirklicher Abschliff vom Werkstück

g = Abschliff ohne Durchfederung der Schleifmaschine

A = Erste Berührung Scheibe Werkstück

Die Standzeit T nach obiger Definition ergibt – nach bisherigen Versuchen – zur Spanleistung Vol_w im arithmetischen Liniennetz eine hyperbolische und im doppellogarithmischen eine lineare Beziehung (Abb. 49). Es gilt nach Abbildung 49 die Proportion:

$$\operatorname{tg} \alpha = \varkappa = \frac{\log T_o - \log T}{\log Vol_w - \log Vol_{w_o}} = \frac{\log {}^{T_o}/T}{\log Vol_w / Vol_{w_o}}$$

$$\log\left(\frac{T_o}{T}\right) = \log\left(\frac{Vol_w}{Vol_{w_o}}\right)^{\mathcal{K}}$$

(10) $\qquad Vol_w^{\mathcal{K}} \cdot T = Vol_{w_o}^{\mathcal{K}} \cdot T_o = Vol_{w_n}^{\mathcal{K}} \cdot T_n = \text{konst.} = C_T$

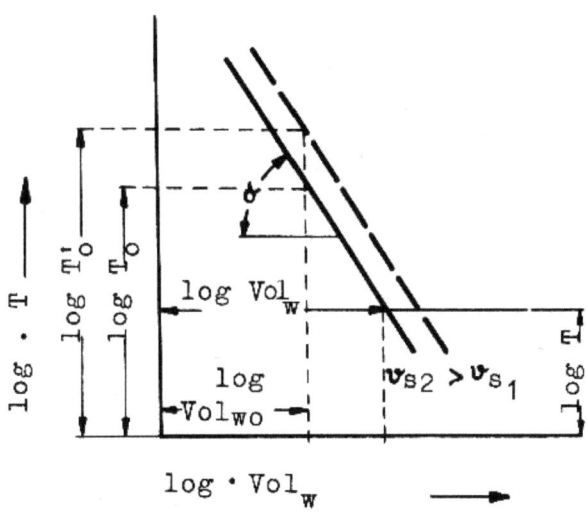

Abbildung 49

Erfahrungsgemäß nimmt der Exponent $\mathcal{K}$, der die negative Steigung der Standzeitgeraden bestimmt, Werte von etwa 1,0 bis 3,0 an. Er ist umso größer, je empfindlicher die Scheibe gegen eine Änderung der Eingriffsbedingungen, d.h. der Spanleistung ist.

Gleichung (10) besagt, daß die Standzeit mit größerer Spanleistung also mit größerer mechanischer Beanspruchung der Scheibe durch Schnittkräfte abfällt. Es ergibt sich aus Gleichung (10):

$$T = C_T / Vol_w^{\mathcal{K}}$$

Außer der Neigung der Standzeitgeraden ist ihre absolute Lage im log. Vol_w - log T - Feld bedeutungsvoll. Die Lage wird durch die Konstante C_T bestimmt. Die Konstante C_T ist eine Funktion der Schleifscheibe, des Kühlmittels, des Werkstoffes, der Maschine und der Schnittgeschwindigkeit. Die Schleifscheibengeschwindigkeit v_s, die bei unseren Betrachtungen konstant gehalten wird, bewirkt meist eine Parallelverschiebung der Standzeitgeraden und somit eine Änderung von C_T (von T_o zu T_o') (Abb. 49)

An Hand des Bearbeitungsbeispieles wurde gezeigt, wie wichtig das Standvolumen ist. Es ergibt sich aus dem Produkt $T \cdot Vol_w$. Setzt man dieses in (10) ein, so erhält man das Standvolumen:

$$(11) \qquad V_T = T \cdot Vol_w = \frac{T_o \cdot Vol_{w_o}^{\varkappa}}{Vol_w^{\varkappa-1}} = \frac{C_T}{Vol_w^{\varkappa-1}}$$

C_T kann man somit als Standvolumen für eine Standzeitgerade mit den Exponenten $\varkappa = 1$ auffassen, wobei ferner das Standvolumen unabhängig von der Spanleistung ist. $\varkappa < 1$ bedingt ein Ansteigen des Standvolumens mit größeren Spanleistungen. $\varkappa > 1$ bedingt einen Abfall des Standvolumens mit größeren Spanleistungen (Abb. 5o).

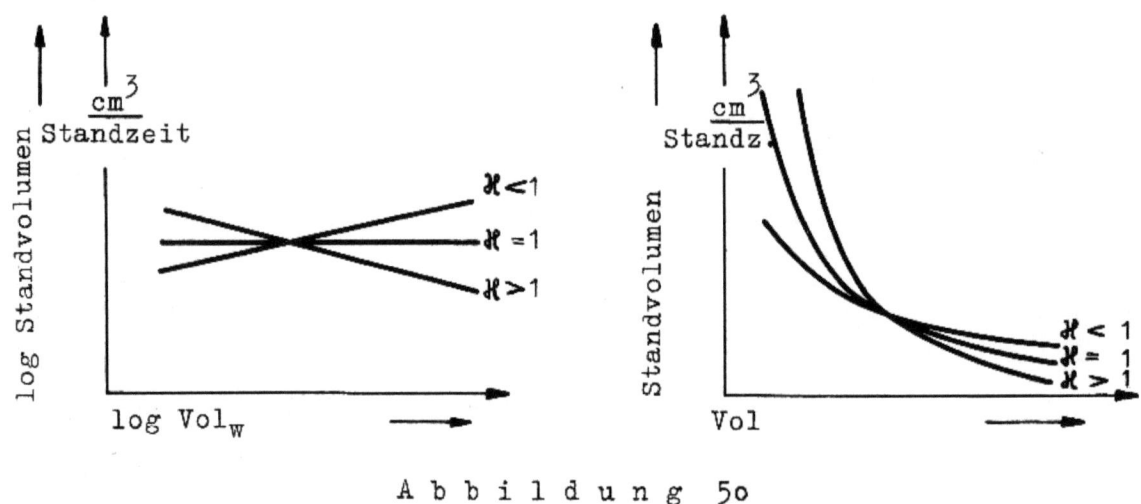

Abbildung 5o

Steile Standzeitgeraden üben demnach einen stärkeren Einfluß auf die Kosten aus als flachere, und flachere schreiben größere Spanleistungen vor als steilere. Interessant sind in diesem Zusammenhang die Forschungsergebnisse von MASSLOW (5). MASSLOW sieht als Standzeit diejenige Zeit an, nach welcher sich Brandmarken auf dem Werkstück zeigen. Er erhält für die Standzeit einer Scheibe $T = \dfrac{\text{konst.}}{a^{1.1} \cdot v_w^{1.8} \cdot s^{1.8}}$. Auch hier würde bei grösseren Spanleistungen das Standvolumen abfallen, denn alle Exponenten sind > 1. Dieses Ergebnis steht in qualitativer Übereinstimmung mit denen des Verfassers, obwohl die Standzeitdefinition verschieden war.

Kommen Standzeitkurven vor, die den in Abbildung 51 gezeigten Verlauf nehmen, so sind obige Beziehungen nur für den geradlinigen Teil der Kurve

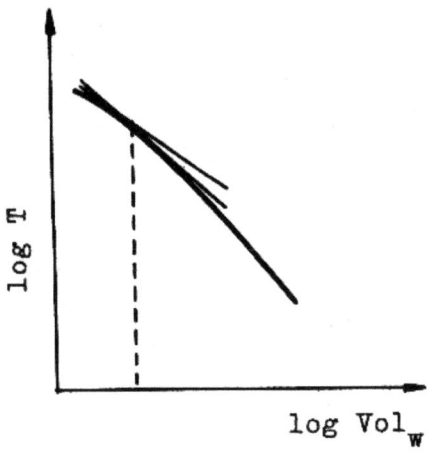

Abbildung 51

gültig. Im krummen Bereich ändert sich der Anstieg der Tangente an die Kurve und damit der Exponent der Standzeit als Funktion der Spanleistung. Eine Standzeitkurve nach Abbildung 51 besagt, daß trotz kleiner Spanleistungen kleine Standzeiten auftreten. In einem solchen Fall wird man ohnehin besser im geradlinigen Teil mit relativ hoher Spanleistung arbeiten.

Die Kostenrechnung für das Bearbeitungsbeispiel war unabhängig von der Linearität der Kurve im log T log Vol_w - Diagramm, da die Werte aus der Kurve abgegriffen wurden; allerdings war ein umfangreicher Versuchsaufwand erforderlich.

Die Verlustzeit zum Abrichten $t_w = t_{w1} + t_{w2}$ läßt sich bei E. REIBER entnehmen oder kann selbst bestimmt werden. Allgemein gilt:

$$(12) \qquad t_w = \frac{1{,}2 \cdot b_s}{v_{T\,Ab}} \cdot i + t_{w2}$$

wobei für i die Zahl der gewählten Abrichthübe einzusetzen ist und angenommen wird, daß der Hub das 1,2-fache der Scheibenbreite ausmacht. Die Zeiten zum Abrichten hängen demnach von der Scheibenbreite b_s ab und vergrößern sich mit ihr. Sie sinken mit der Abrichtgeschwindigkeit v_{TAb}. Bei kleinen Standzeiten werden die Zeiten zum Abrichten einen besonders grossen prozentualen Verlust bedeuten. In solchen Fällen ist es ratsam, schärfere Abrichtbedingungen, also größere Abrichtgeschwindigkeiten v_{TAb} zu wählen. Kleine Standzeiten treten ohnehin bei hohen Spanleistungen auf, d.h. unter Bedingungen, die eine hohe Werkstückrauhtiefe zur Folge haben, so daß die schärferen Abrichtbedingungen gerechtfertigt sind.

Die Abrichtzeit bezogen auf ein Werkstück ergibt:

$$(13) \qquad \frac{t_w}{n} = \frac{1,2 \cdot b_s \cdot i}{v_{TAb} \cdot n} + \frac{t_{w2}}{n}$$

und mit $n = \dfrac{T \cdot Vol_w}{Vol_w} = \dfrac{V_T}{Vol_w}$ nach Gleichung (4) und $T = Vol_w = V_T = \dfrac{C_T}{Vol_w^{\varkappa -1}}$

und Gleichung (11) erhalten wir:

$$\frac{t_w}{n} = \frac{1,2 \cdot b_s \cdot i}{n \cdot v_{TAb}} + \frac{t_{w2}}{n} = \frac{\dfrac{1,2 \cdot b_s \cdot i}{v_{TAb}} + t_{w2}}{T \, Vol_w} \cdot Vol_w$$

$$(14) \qquad \frac{t_w}{n} = \frac{\dfrac{1,2 \cdot b_s \cdot i}{v_{TAv}} + t_{w2}}{C_T} \cdot Vol_w \cdot Vol_w^{\varkappa -1}$$

Die Abrichtzeit bezogen auf ein Werkstück steigt linear mit dem abzuschleifenden Volumen pro Werkstück Vol_w an.

Die Abrichtzeit ist umso kleiner, je größer die Konstante ist, sie wächst mit größeren Spanleistungen, wenn $\varkappa > 1$.

Wenn $\varkappa = 1$, geht die Gleichung (14) über in die Form:

$$\frac{t_w}{n} = \frac{\dfrac{1,2 \cdot b_s \cdot i}{v_{TAb}} + t_{w2}}{C_T} \cdot Vol_w$$

Die Gleichung ist unabhängig von der Spanleistung und abhängig von C_T, der Scheibenbreite b_s, der Vorschubgeschwindigkeit v_{TAb}, der Hubzahl i, der Nebenzeit t_{w2} und dem Volumen Vol_w, welches zerspant werden muß.

Ist der Exponent $\varkappa < 1$, so stellt sich mit vergrößerter Spanleistung eine kleinere Abrichtzeit ein (Abb. 52).

Mit t_w/n ergeben sich die Kosten für die Verlustzeiten beim Abrichten

$$(15) \qquad K_3 = \frac{t_w}{n} \cdot L_s$$

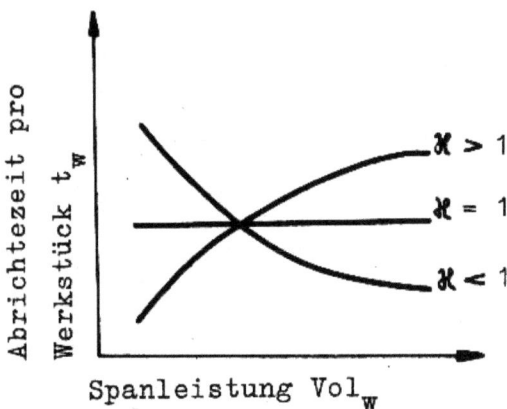

Abbildung 52

Der "unproduktive" Verschleiß der Scheibe beim Abrichten ergibt sich aus der Zustellung je Hub und der Zahl der Hübe. Er beträgt für einen Hub $b_s \cdot d_s \cdot a' \cdot \pi$ und für i Hübe $i \cdot b_s \cdot d_s \cdot a' \cdot \pi$, falls bei allen Hüben um das gleiche Maß a' zugestellt wird. Ist das nicht der Fall - was oft vorkommt - so erhalten wir das "unproduktive" Volumen der Scheibe beim Abrichten (siehe Abb. 53) zu:

$$Vol_{sAb} = \sum a' \cdot b_s \cdot d_s \cdot \pi$$

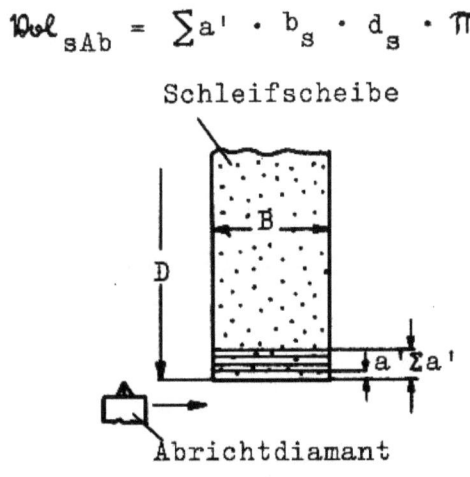

Abbildung 53

Auf das Werkstück bezogen ergibt das "unproduktive" Scheibenvolumen mit Gleichung (4) und (11)

(16) $\qquad \dfrac{Vol_{sAb}}{n} = \dfrac{\sum a' \cdot b_s \cdot d_s \cdot \pi}{c_T} \cdot Vol_w \cdot Vol_w^{\varkappa -1}$

Das "unproduktive" Scheibenvolumen bezogen auf ein Werkstück und einen

Forschungsberichte des Wirtschafts- und Verkehrsministeriums Nordrhein Westfalen

Abrichtvorgang, besitzt die gleichen Abhängigkeiten zur Spanleistung Vol_w, der Konstanten C_T und dem Volumen wie Gleichung (14).

Erwähnenswert für Gleichung (14) und (16) ist die Beziehung der Scheibenbreite b_s. Die Scheibenbreite b_s erhöht sowohl die Zeit t_{Ab}/n als auch das Volumen Vol_{sAb} und damit die Kosten, wenn die Konstante C_T <u>nicht mindestens proportional mit der Scheibenbreite b_s ansteigt</u>. Ist die Standzeit bei einer Verdoppelung der Scheibenbreite nicht mindestens doppelt so hoch, so wird eine größere Breite die Werkzeugkosten zusätzlich erhöhen; wenn die Standzeit mit b_s linear ansteigt, (siehe auch E. REIBER (6)) hat die Breite auf den Abrichtverschleiß keinen Einfluß. Ähnliche Überlegungen gelten für den Durchmesser d_s. Bei Proportionalität zwischen b_s und C_T schneiden jedoch breitere Scheiben bezüglich der Verlustzeit t_{w2}/n günstiger ab, als schmale Scheiben.

Die Kosten für den unproduktiven Scheibenverlust bezogen auf ein Werkstück betragen nunmehr:

$$(17) \qquad K_4 = \frac{Vol_{sAb}}{n} \cdot k_s$$

($k_s = Dpf/cm^3$ Scheibenvolumen)

Der Vollständigkeit halber sind den Werkzeugkosten noch die Kosten für die Beschaffung und Instandhaltung des Abrichtdiamanten hinzuzuzählen. Sicher ist, daß der Verschleiß des Abrichtdiamanten von den Eingriffsbedingungen beim Abrichten abhängt, nämlich von Zustellung, Seitenvorschub und Schleifscheibengeschwindigkeit. Als weitere Einflüsse treten Orientierung des Diamantkristalles und Form desselben hinzu. Hierauf soll zunächst nicht eingegangen werden. Meist wird bekannt sein, wieviel Abrichtvorgänge ein Diamant bis zum Erneuern oder Instandbringen verträgt, so daß sich dieser Kostenanteil mit einem Zuschlag zu den Schleifscheibenkosten berücksichtigen läßt. Wenn bekannt ist, wie hoch die Diamantkosten im Verhältnis zu den Scheibenkosten sind, kann man sie ebenfalls durch einen Faktor f qualitativ berücksichtigen. Über den Scheibenverschleiß wurde schon allgemeiner berichtet. Es wird hier der spezifische Scheibenverschleiß bei konstanter Schleifscheibengeschwindigkeit nicht über der Kenngröße, etwa Q_1, sondern über der Spanleistung Vol_w aufgetragen. Dabei ergeben sich im logarithmischen System Geraden (Abb. 54).

Forschungsberichte des Wirtschafts- und Verkehrsministeriums Nordrhein Westfalen

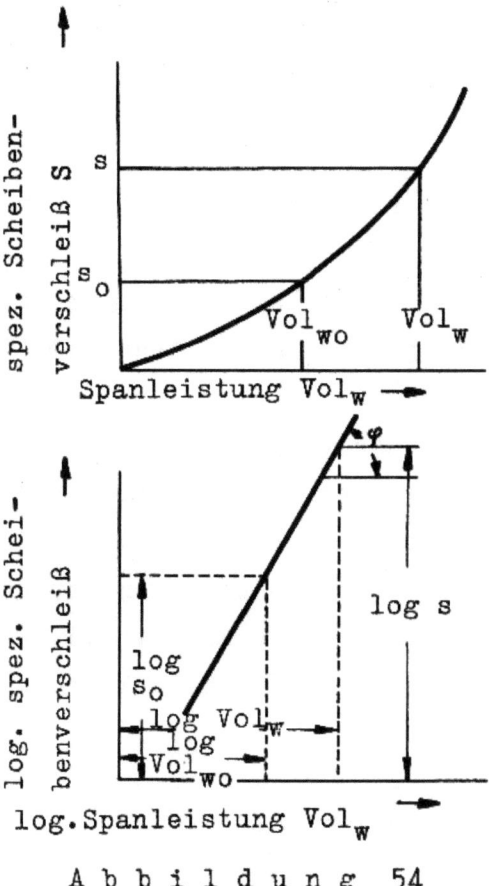

Abbildung 54

Beim Schleifen in Stufen (z.B. Vor- und Fertigschliff) erhält man für die einzelnen Stufen verschiedene Verschleißwerte.

Diesen Umstand lassen wir der Einfachheit halber unberücksichtigt und definieren den spezifischen Scheibenverschleiß

$$S = \frac{\text{pro Standzeit abgeschliffenes ''produktives'' Scheibenvolumen}}{\text{Standvolumen}}$$

$$S = \frac{Vol_s}{V_T}$$

Aus Abbildung 54 ergibt sich

$$m = tg\,\varphi = \frac{\log S - \log S_0}{\log Vol_w - \log Vol_{w_0}} = \frac{\log\left(\frac{S}{S_0}\right)}{\log\left(\frac{Vol_w}{Vol_{w_0}}\right)}$$

(18) $\quad \dfrac{S}{Vol_w^m} = \dfrac{S_0}{Vol_{w_0}^m} \qquad S = \text{konst.} \cdot Vol_w^m = C_s \cdot Vol_w^m$

Der "produktive" Verschleiß der Scheibe pro Standzeit beträgt:

(19) $\quad Vol_s = S \cdot n\,Vol_w = S \cdot V_T = C_s \cdot Vol_w^m \cdot V_T = C_s \cdot Vol_w^m \cdot n \cdot Vol_w$

Auf das Werkstück bezogen erhalten wir den produktiven Verschleiß:

(20) $$\frac{Vol_s}{n} = C_s \cdot Vol_w \cdot Vol_w^m$$

Der Verschleiß, bezogen auf ein Werkstück ist dem effektiv abzuschleifenden Volumen des Werkstückes proportional. Wenn $m > 1$ steigt der produktive Verschleiß pro Werkstück mit größerer Spanleistung an. Bisher hat sich noch in keiner Untersuchung ein Exponent kleiner als 1 ergeben. Die Konstante ist ein Maß für die absolute Größe des Verschleißes, d.h. für die Lage der spezifischen Verschleißkurve im doppeltlogarithmischen Liniennetz (siehe Abb. 54). Sie ist abhängig von der Kühlflüssigkeit, Scheibenhärte, Porösität, dem Gefüge und Werkstoff u.a. Die Kosten für den produktiven Verschleiß bezogen auf 1 Werkstück ergeben sich aus Gleichung (20) zu:

(21) $$K_2 = \frac{Vol_s}{n} \cdot k_s$$

Oft ist dieser Kostenanteil klein, wie auch das ausgeführte Beispiel zeigte, so daß er vernachlässigt werden kann.

Die Energiekosten erhalten wir aus Umfangskraft der Scheibe, Schleifscheibengeschwindigkeit, Schnittzeit und den Kosten pro Kilowattstunde zu:

(22) $$\begin{aligned} E &= P_1 \cdot v_s \cdot t_h \\ K_5 &= E \cdot k_5 = P_1 \cdot v_s \cdot t_h \cdot k_5 \end{aligned}$$

Dabei ist die Leistung der Vorschubkraft $P_3 \cdot v_T$ vernachlässigt. Stellt sich heraus, daß die Energiekosten K_5 einen bemerkenswerten Anteil der Gesamtkosten ausmachen, so wäre für t_h nur noch der Wert aus Gleichung (1) und für P_1 ein von der Spanleistung abhängiger Betrag einzusetzen. Das wird meist nicht der Fall sein, mit Ausnahme eines ausgesprochenen Schruppschliffes, so daß wir die Energiekosten in erster Näherung vernachlässigen können.

Die Formeln (10), (11), (12), (14), (16), (17), (20), und (21) gelten sowohl für Längs- als auch Einstechschleifen. Die Hauptzeit für Längsschleifen ist bereits unter Gleichung (1) aufgeführt. Alle Gleichungen bis auf Nr. (8) und (9) gelten aber nur für einen Arbeitsgang, d.h. entweder für Vor- oder Fertigschliff.

Forschungsberichte des Wirtschafts- und Verkehrsministeriums Nordrhein Westfalen

Vor- und Fertigschliff unterscheiden sich durch die verschiedenen Spanleistungen. (Vorschliff große Spanleistung, Fertigschliff kleine Spanleistung). Wenn die gleiche Scheibe und Maschine verwendet wird, liegen die veränderlichen Kosten nach Abbildung 55 an verschiedenen Stellen auf der gleichen Kurve. K" ist die Summe der veränderlichen Kosten für die Spanleistung Vol_w" bei Fertigschliff, K' ist die Summe der veränderlichen Kosten für die Spanleistung Vol_w' bei Vorschliff. Der kostengünstigste Punkt ergibt sich hier, wenn K' + K" ein Minimum werden. Nachdem die Kostenkurve mit verschiedenen Spanleistungen ermittelt ist, läßt sich diese Bedingung finden.

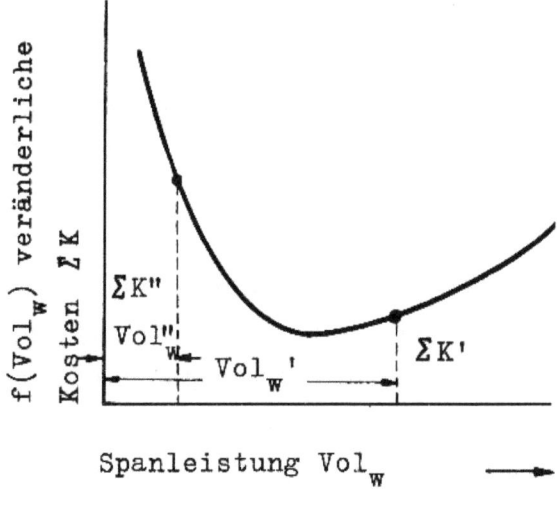

A b b i l d u n g 55

Zum Ausfunken wurde in Formel (23) zunächst eine bestimmte Zeit angesetzt. Es würde zu weit führen, auch auf die Rauhtiefenverbesserungen durch Ausfunken näher einzugehen. Ausfunkzeiten von 8 - 12 sec beim Einstechen mit Werkstückdurchmessern von 60 - 100 mm und Werkstückdrehzahlen von 23 - 100 min^{-1}, ergaben beispielsweise ein Optimum. Bei entsprechender Auswertung kann man berechnen, welche Rauhtiefenverbesserung nach bestimmter Ausfunkzeit vorliegt, bzw. welche Ausfunkzeit erforderlich ist, um eine bestimmte Rauhtiefenverbesserung zu erzielen. Die Standzeiten und der Verschleiß einer Scheibe werden durch das Ausfunken nur geringfügig verändert.

Wir erhalten nunmehr die veränderlichen Kosten pro Werkstück beim Einstechschleifen für Vor- oder Fertigschliff:

$$\Sigma K = K_1 + K_2 + K_3 + K_4 + K_5$$

Mit den Gleichungen (2), (9), (20), (14), (16) und (22) ergibt sich:

$$\sum K = L_s \left(\frac{x}{n_w \cdot a} + t_3 \right) + k_s \cdot \frac{\text{Vol}_s}{n} + L_s \frac{t_w}{n} + k_s \cdot \frac{\text{Vol}_{sAb}}{n} + E \cdot k_5$$

und wenn $E \cdot k_5 \longrightarrow 0$

$$(23) \quad K = L_s \left(\frac{x}{n_w \cdot a} + \frac{t_w}{n} + t_3 \right) + k_s \left(\frac{\text{Vol}_s}{n} + \frac{\text{Vol}_{sAb}}{n} \right) \cdot f$$

$$= L_s \left(\frac{x}{n_w \cdot a} + t_3 + \frac{\frac{1{,}2\, b_s \cdot i}{v_{TAb}} + t_{w_2}}{C_T} \cdot \text{Vol}_w \cdot \text{Vol}_w^{\varkappa -1} \right)$$

$$+ k_s \left(\frac{d_s \cdot b_s \cdot \pi \, \Sigma a' \cdot \text{Vol}_w^{\varkappa -1}}{C_T} + \text{Vol}_w^m \cdot C_s \right) \cdot \text{Vol}_w \cdot f$$

Die Formel (23) läßt die Größe der einzelnen Kostenanteile abschätzen. Die zeitproportionalen Kosten, der Fertigungslohnkosten bestehen aus 3 Anteilen, der Hauptzeit t_h, der Ausschleifzeit t_3 und der Verlustzeit t_w durch das Abrichten. Die dem verbrauchten Scheibenvolumen proportionalen Kosten enthalten den "unproduktiven" und "produktiven" Scheibenverschleiß und den Faktor f zur Berücksichtigung des Diamantverbrauches. Beim Einstechschleifen ergibt sich die Spanleistung zu $a \cdot v_w \cdot l$. (l = Berührungslänge zwischen Scheibe und Werkstück). Setzen wir dieses ein, und berücksichtigen wir, daß $n_w \cdot a \cdot d_w \cdot \pi \cdot l = \text{Vol}_w$, $n_w \cdot a = \frac{\text{Vol}_w}{l \cdot \pi \cdot d_w}$ und $x \cdot l \cdot \pi \cdot d_w = \text{Vol}_w$, so erhalten wir aus:

$$K = L_s \left(\frac{xl \cdot \pi \cdot d_w}{\text{Vol}_w} + t_3 + \frac{\frac{1{,}2 \cdot b_s \cdot i}{v_{TAb}} + t_{w_2}}{C_T} \cdot \text{Vol}_w \cdot \text{Vol}_w^{\varkappa -1} \right)$$

$$+ k_s \left(\frac{d_s \cdot b_s \cdot \pi \cdot \Sigma a' \, \text{Vol}_w^{\varkappa -1}}{C_T} + C_s \, \text{Vol}_w^m \right) \text{Vol}_w \cdot f$$

die Gleichung

$$(24) \quad K = L_s \left(\frac{\text{Vol}_w}{\text{Vol}_w} + t_3 + \frac{\frac{1{,}2 \cdot b_s \cdot i}{v_{TAb}} + t_{w_2}}{C_T} \cdot \text{Vol}_w \cdot \text{Vol}_w^{\varkappa -1} \right)$$

$$+ k_s \left(\frac{\text{Vol}_{sAb} \cdot \text{Vol}_w^{\varkappa -1}}{C_T} + C_s \cdot \text{Vol}_w^m \right) \text{Vol}_w \cdot f$$

Wenn die Versuche zeigen, daß man die Kosten für den produktiven Scheibenverschleiß, ebenso wie die Energiekosten vernachlässigen kann, vereinfacht sich die Kostenformel zu:

$$(25) \quad K = L_s \left(\frac{Vol_w}{Vol_w} + t_3 + \frac{\frac{1{,}2 \cdot b_s \cdot i}{v_{T\,Ab}} + t_{w2}}{C_T} \cdot Vol_w \cdot Vol_w^{\varkappa -1} \right) + k_s \, Vol_w \cdot \frac{Vol_{sAb}}{C_T} \cdot Vol_w^{\varkappa -1} \cdot f$$

Mit $\varkappa = 1$ (Standzeit unabhängig von der Spanleistung) erhalten wir:

$$(26) \quad K = L_s \left(\frac{Vol_w}{Vol_w} + t_3 + \frac{\frac{1{,}2 \cdot b_s \cdot i}{v_{T\,Ab}} + t_{w2}}{C_T} Vol_w \right) + k_s \, Vol_w \cdot \frac{Vol_{sAb}}{C_T} \cdot f$$

Das erste Glied im Klammerausdruck nimmt mit Vol_w ab, alle anderen Anteile sind unabhängig von der Spanleistung. Auch der unproduktive Scheibenverschleiß besitzt auf das Werkstück bezogen einen konstanten Anteil. Es sinken die Kosten mit der Spanleistung, sie ist daher möglichst hoch zu wählen.

Weicht $\varkappa$ jedoch von 1 ab, dann ist die Näherung nach Gleichung (26) nicht mehr zulässig. Die kostengünstigste Spanleistung ergibt sich dann unter der Bedingung

$$(27) \quad \frac{\delta K}{\delta Vol_w} = 0 = - L_s \cdot Vol_w \cdot Vol_w^{-2} + k_s Vol_w \frac{Vol_{sAb}}{C_T} \cdot Vol_w^{\varkappa -2} \cdot (\varkappa -1)$$

aus Gleichung (25) unter der Voraussetzung, daß der produktive Verschleiß klein im Gegensatz zum unproduktiven ist. Die von der Spanleistung unabhängigen Glieder, die Ausschleifzeit t_3 und die Verlustzeit t_w sind aus der Rechnung herausgefallen. Sie haben auf die Lage des Kostenminimums keinen Einfluß, sondern nur auf die absolute Höhe der Kosten.

Aus Gleichung (27) ergibt sich ferner:

$$\frac{L_s}{Vol_w^2} = k_s \, \frac{Vol_{sAb}\,(\varkappa -1)}{C_T} \, Vol_w^{\varkappa -2}$$

und hieraus die Spanleistung, für welche unter obigen Vereinfachungen das Kostenminimum erreicht wird:

$$(28) \qquad Vol_{w\,min} = \sqrt[\varkappa]{\frac{L_s \cdot C_T}{k_s \cdot Vol_{sAb}(\varkappa-1)}}$$

Die kostengünstigste Spanleistung liegt umso höher, je größer der Fertigungslohnkostenfaktor L_s und je höher das Standvolumen C_T ist. Geringe Kosten pro ein cm^3 Scheibe k_s verschieben das Kostenminimum ebenfalls zu höheren Spanleistungen. Dagegen verlangt ein großes Abrichtvolumen $d_s \cdot b_s \pi \cdot \Sigma a'$ kleinere Spanleistungen, ebenso wie der Exponent der Standzeitkurve $\varkappa$. Der Wert $\varkappa$ tritt nicht nur im Nenner, sondern auch als Exponent auf. Für $\varkappa = 1$ wird $Vol_{w\,min} \to \infty$, was bereits aus Gleichung (26) hervorgeht, da für den Fall $\varkappa = 1$, die Kostenkurve $K = f(Vol_w)$ keinen Extremwert (kein Minimum) besitzt.

Der Fall des Schruppschleifens läßt sich ebenfalls analytisch behandeln. Dabei werden K_3 und K_4, die Kosten für Abrichten und Abrichtverschleiß vernachlässigt. Wenn außerdem noch die Energiekosten unberücksichtigt bleiben, erhält man aus Gleichung (24) das Minimum der veränderlichen, leistungsabhängigen Kosten.

Der spezifische Scheibenverschleiß steigt als Funktion der Spanleistung mit einem Exponenten $m > 1$; für $m = 2$ ergibt sich die kostengünstigste Spanleistung:

$$(29) \qquad Vol_{w\,min} = \sqrt[3]{\frac{L_s}{2\,k_s \cdot C_s}}$$

Dieses ist eine ähnliche Beziehung wie unter Gleichung (28). Bei hohen Fertigungslohnkosten liegt das Kostenminimum bei großen Spanleistungen. Bei hohen Schleifscheibenkosten liegt das Kostenminimum bei geringeren Spanleistungen. Die Verschleißkenngröße C_s hängt ab von der Kühlflüssigkeit, der Härte des Werkstoffes und Scheibe. Hohes C_s bedeutet eine Scheibe mit geringem produktiven Verschleiß.

In den bisherigen Betrachtungen über die Kostenanalyse blieben die Rauhtiefen unberücksichtigt.

Mit der Rauhtiefenformel

$$R = C \cdot Vol_w^{\varepsilon}$$

Forschungsberichte des Wirtschafts- und Verkehrsministeriums Nordrhein Westfalen

lassen sich optimale Schleifbedingungen finden wenn C und ε bekannt sind (siehe Bearbeitungsbeispiel). Der Faktor C charakterisiert die Korngröße der Scheibe, die Kühlflüssigkeit, die dynamische Starrheit der Maschine und ähnliche Einflußgrößen.

Beim Genauigkeitsschleifen wird meist mit Ausfunken gearbeitet. (-Ohne Ausfunken, mit konstanter Zustellung läßt sich vor allem beim Einstechschleifen keine Rundheit erreichen -). Die Ausfunkzeiten t_3 wird man zweckmäßigerweise nicht willkürlich festlegen, sondern der Spanleistung anpassen. Bei großen Spanleistungen wählen wir lange, bei kleinen Spanleistungen wählen wir kurze Ausschleifzeiten (Abb. 56).

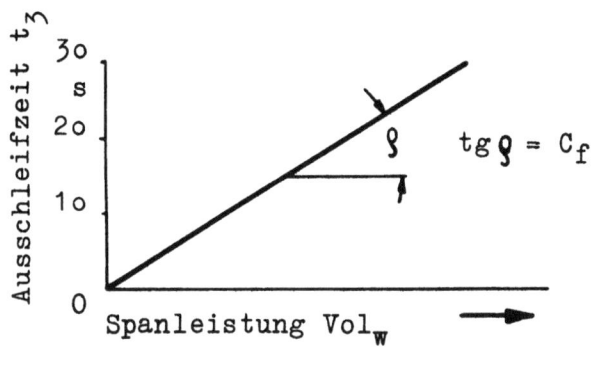

A b b i l d u n g   56

Man kann daher ansetzen: $t_3 = C_f \cdot Vol_w$. In welchem Maße die Ausschleifzeit t_3 mit der Spanleistung ansteigt gibt C_f an (Abb. 21). Setzen wir den Ausdruck für t_3 in Gleichung (24) ein, so erhalten wir als Kostenformel:

$$(30) \quad K = L_s \left(\frac{Vol_w}{Vol_w} + C_f \, Vol_w + \frac{\frac{1,2 \cdot bs \cdot i}{v_T \, Ab} + t_{w_2}}{C_T} \cdot Vol_w \cdot Vol_w^{\varkappa -1} \right)$$

$$+ k_s \cdot Vol_w \cdot f \left(\frac{bs Ab}{C_T} + C_s \, Vol_w^m \right)$$

Nun nimmt ein weiteres Glied mit Vol_w zu, die Lage des Kostenminimums wird zu kleineren Spanleistungen verschoben, was sich ohne Differentiation erkennen läßt.

Die bisherigen Formeln gelten für das Einstech- und Längsschleifen, wenn der Hub gleich der Werkstücklänge ist.

Wählt man dagegen einen bestimmten Überlauf, so ist der Gesamthub des Schleifmaschinentisches

$$L = l_w + \text{Überlauf}$$

und es ist für das abzuschleifende Volumen das scheinbar abzuschleifende Volumen $Vol_w^* = L \cdot \pi \cdot d_w \cdot \delta$ einzusetzen. Die Kostenformel zeigt, daß unter diesen Bedingungen das Kostenminimum zu größeren Spanleistungen verschoben wird.

Ein Überlauf bewirkt außerdem in jedem Falle eine Erhöhung der Kosten.

Beim Einstechschleifen besonders breiter Werkstücke gewinnen die Werkzeugkosten gegenüber den Fertigungslohnkosten an Bedeutung, da das Abrichten einer breiteren Scheibe höhere Werkzeugkosten verursacht, die Bearbeitungszeit aber annähernd unabhängig von der Scheibenbreite ist.

Bei gleicher Spanleistung und gleichem Vorschub ergibt eine breitere Scheibe für den Längsschliff eine höhere Überschliffzahl und somit eine geringere Rauhtiefe. Hier dürfte die größere Scheibenbreite eindeutige Vorteile bringen, wenn die Standzeit proportional mit der Breite ansteigt. Der Durchmesser hat so gut wie keinen Einfluß auf die Rauhtiefe und daher nur die bereits angeführte wirtschaftliche Bedeutung. (Die Standzeit muß mit dem Scheibendurchmesser proportional ansteigen, wenn größere Scheiben nicht unwirtschaftlicher werden sollen.)

Sinnvoll ist eine Kostenrechnung bei veränderten Eingriffsbedingungen nur, wenn die Lieferung einer gleichmäßigen Scheibenqualität einigermaßen garantiert werden kann, die Kostenanalyse ist umso bedeutungsvoller je grösser die zu schleifenden Stückzahlen sind.

Ähnlich wie die Kosten als Funktion der Spanleistung, können sie als Funktion der Schleifscheibengeschwindigkeit dargestellt werden. Auf diese Weise läßt sich die wirtschaftlichste Schleifgeschwindigkeit für eine bestimmte Schleifoperation bei konstanter Spanleistung feststellen. Sinngemäß behalten die Überlegungen auch für Innen- und Spitzenloses Schleifen ihre Gültigkeit. Wichtig ist in jedem Fall, alle veränderlichen von den Eingriffsbedingungen abhängigen Kosten zu erfassen.

Es ist jedoch auch eine Kostenrechnung für verschiedene Schleifscheiben bei konstanten Eingriffsbedingungen möglich, um die wirtschaftlichste Schleifscheibe zu ermitteln.

In obigen Überlegungen wurden die Kosten auf je ein Werkstück bezogen. In der Praxis wird man gegebenenfalls die veränderlichen Kosten auf eine bestimmte Zeit oder eine größere Zahl von Werkstücken beziehen.

Ist z.B. die Durchmesserabnahme einer Schleifscheibe durch Abrichten und Verschleiß für eine bestimmte Werkstückzahl bekannt, so lassen sich mit der Zahl der Abrichtvorgänge innerhalb dieser Zeit und der Verlustzeit t_w für den Abrichtvorgang die Werkzeugkosten erfassen. Die Hauptzeit für ein Werkstück kann leicht festgestellt werden, so daß die wichtigen Kostenanteile festliegen.

Eine Kostenanalyse zur Festlegung der kostengünstigsten Bedingungen ist somit auf relativ einfache Art in der Praxis durchführbar.

Professor Dr.-Ing. H. OPITZ
Institut für Werkzeugmaschinen
und Betriebslehre der
Technischen Hochschule, Aachen

Forschungsberichte des Wirtschafts- und Verkehrsministeriums Nordrhein Westfalen

Verzeichnis der verwendeten Formelzeichen

d_w	=	Werkstückdurchmesser (mm)
n_w	=	Werkstückdrehzahl (min^{-1}) (s^{-1})
v_w	=	Werkstückumfangsgeschwindigkeit (m · s^{-1})
l_w	=	Länge des Werkstückes (mm)
d_s	=	Durchmesser der Schleifscheibe (mm)
n_s	=	Scheibendrehzahl (min^{-1})
v_s	=	Scheibenumfangsgeschwindigkeit (m · s^{-1})
b_s	=	Scheibenbreite (mm)
v_T	=	Tischgeschwindigkeit (m · min^{-1}) (m · s^{-1})
s	=	Seitenvorschub der Scheibe pro Werkstückumdrehung (mm)
a	=	Zustellung der Scheibe (radial) (μ/Hub)
Vol_w	=	Spanleistung (mm^3/s)
Vol_{w*}	=	wirklich abzuschleifendes Werkstückvolumen (mm^3)
Vol_w	=	scheinbar abzuschleifendes Werkstückvolumen (mm^3)
Vol_s	=	Vol_{sv} = produktives Verschleißvolumen der Scheibe zwischen 2 Abrichthüben (mm^3)
S	=	Spezifischer Scheibenverschleiß
δ	=	Schleifzugabe (mm)
i	=	Anzahl der Hübe pro Schleifzugabe
x	=	Weg des Schleifspindelstockes (mm)
L	=	Hub des Schleifmaschinentisches (mm)
T	=	Standzeit der Scheiben, Zeit zwischen zwei Abrichthüben (min)
V_T	=	Standvolumen (mm^3/Standzeit) (sec)
n	=	Standzahl, Zahl der Werkstücke, die sich zwischen zwei Abrichtvorgängen schleifen lassen
z	=	Stückzahl pro Maschineneinstellung
a'	=	Zustellung des Abrichtdiamanten pro Hub (μ/Hub)
Vol_{sAB}	=	unproduktiver Verschleiß der Scheibe beim Abrichten (mm^3)
T_z	=	Stückzeit (min), (s)
t_h	=	Bearbeitungshauptzeit (min), (sec)
t_n	=	Nebenzeit (min), (sec)
t_r	=	Rüstzeit (min), (sec)
L_s	=	Lohnkostenfaktor (DM/h), (Dpf/min), (Dpf/s)
K_1	=	Kosten pro Werkstück (DM/Werkstück), (Dpf/s)

k_s = Kosten für 1 cm³ bzw 1 mm³ Schleifmittel (Dpf/cm³) (Dpf/mm³)

K_2 = Kosten für produktiven Scheibenverschleiß (DM/Werkst.) (Dpf/Werkst.)

t_w = Zeit zum Abrichten der Schleifscheibe (min) (sec)

t_{w1} = eigentliche Abrichtzeit (min) (sec)

t_{w2} = Nebenzeit beim Abrichten (min) (sec)

K_3' = Kosten für unproduktiven Verschleiß bei einem Abrichtungsvorgang (DM) (Dpf)

K_3 = Kosten für unproduktiven Verschleiß pro Werkstück (DM/Werkst.) (Dpf/Werkst.)

K_4' = Kosten für Totzeiten bei einem Abrichtvorgang (DM)(Dpf)

K_4 = Kosten für Totzeiten beim Abrichten pro Werkstück (DM/Werkst.) (Dpf/Werkst.)

$P_1 = P_t$ = Umfangskraft (kg)

N = Antriebsleistung (kW)

E = Energie zum Schleifen (kWh)

k_5 = Kosten für 1 kWh (Dpf/kWh)

K_5 = Energiekosten (DM/Werkstück) (Dpf/Werkstück)

C_T = Standzeitkonstante

C_s = Verschleißkonstante

C_F = Ausfunkkonstante

t_3 = Ausfunkzeit (s)

f = Faktor, der Diamantverbrauch berücksichtigt

$Vol_{w\,min}$ = Spanleistung, für die die Kosten ein Minimum werden (mm³ · s⁻¹)

R = Rauhtiefe (μ)

Literaturverzeichnis

1. E. SALJE — Forschungsergebnisse beim Außenrundschleifen
   Werkstattstechnik und Maschinenbau, März 1953

2. E. SALJE — Grundlagen des Schleifens
   Werkstatt und Betrieb, April 1953

3. J. WITTHOFF — a) Die rechnerische Ermittlung der günstigsten Arbeitsbedingungen bei der spanabhebenden Formung
   Werkstatt und Betrieb 1947, Seite 77
   b) Die Ermittlung der günstigsten Arbeitsbedingungen bei der spanabhebenden Formung
   Werkstatt und Betrieb 1952, Seite 521
   c) Die Hartmetallwerkzeuge 1952
   Carl Hanser-Verlag

4. E. SALJE — Kennzahlen und Gesetzmäßigkeiten beim Schleifen
   Technische Mitteilungen 1952, Heft 9/10

5. MASSLOW — Grundlagen der Theorie des Metallschleifens
   Verlag Technik, Berlin 1953

6. E. REIBER — Bestimmung der Standzeit von Schleifscheiben sowie der Nebenzeiten t_n für das Abrichten
   Das Industrieblatt Nov. 1949, Heft 2

7. J.M. KURREIN — Die Messung der Schleifkraft, Werkstattstechnik 1927, Heft 20

FORSCHUNGSBERICHTE
DES WIRTSCHAFTS- UND VERKEHRSMINISTERIUMS
NORDRHEIN-WESTFALEN

Herausgegeben von Staatssekretär Prof. Leo Brandt

Heft 1:
Prof. Dr.-Ing. Eugen Flegler, Aachen
Untersuchungen oxydischer Ferromagnet-Werkstoffe

Heft 2:
Prof. Dr. phil. Walter Fuchs, Aachen
Untersuchungen über absatzfreie Teeröle

Heft 3:
Techn.-Wissenschaftl. Büro für die Bastfaserindustrie, Bielefeld
Untersuchungsarbeiten zur Verbesserung des Leinenwebstuhls

Heft 4:
Prof. Dr. E. A. Müller u. Dipl.-Ing. H. Spitzer, Dortmund
Untersuchungen über die Hitzebelastung in Hüttenbetrieben

Heft 5:
Dipl.-Ing. Werner Fister, Aachen
Prüfstand der Turbinenuntersuchungen

Heft 6:
Prof. Dr. phil. Walter Fuchs, Aachen
Untersuchungen über die Zusammensetzung und Verwendbarkeit von Schwelteerfraktionen

Heft 7:
Prof. Dr. phil. Walter Fuchs, Aachen
Untersuchungen über emsländisches Petrolatum

Heft 8:
Maria Elisabeth Meffert und Heinz Stratmann, Essen
Algen-Großkulturen im Sommer 1951

Heft 9:
Techn.-Wissenschaftl. Büro für die Bastfaserindustrie, Bielefeld
Untersuchungen über die zweckmäßige Wicklungsart von Leinengarnkreuzspulen unter Berücksichtigung der Anwendung hoher Geschwindigkeiten des Garnes
Vorversuche für Zetteln und Schären von Leinengarnen auf Hochleistungsmaschinen

Heft 10:
Prof. Dr. Wilhelm Vogel, Köln
„Das Streifenpaar" als neues System zur mechanischen Vergrößerung kleiner Verschiebungen und seine technischen Anwendungsmöglichkeiten

Heft 11:
Laboratorium für Werkzeugmaschinen und Betriebslehre, Technische Hochschule Aachen
1. Untersuchungen über Metallbearbeitung im Fräsvorgang mit Hartmetallwerkzeugen und negativem Spanwinkel
2. Weiterentwicklung des Schleifverfahrens für die Herstellung von Präzisionswerkstücken unter Vermeidung hoher Temperaturen
3. Untersuchung von Oberflächenveredlungsverfahren zur Steigerung der Belastbarkeit hochbeanspruchter Bauteile

Heft 12:
Elektrowärme-Institut, Langenberg (Rhld.)
Induktive Erwärmung mit Netzfrequenz

Heft 13:
Techn.-Wissenschaftl. Büro für die Bastfaserindustrie, Bielefeld
Das Naßspinnen von Bastfasergarnen mit chemischen Zusätzen zum Spinnbad

Heft 14:
Forschungsstelle für Acetylen, Dortmund
Untersuchungen über Aceton als Lösungsmittel für Acetylen

Heft 15:
Wäschereiforschung Krefeld
Trocknen von Wäschestoffen

Heft 16:
Max-Planck-Institut für Kohlenforschung, Mülheim a. d. Ruhr
Arbeiten des MPI für Kohlenforschung

Heft 17:
Ingenieurbüro Herbert Stein, M. Gladbach
Untersuchung der Verzugsvorgänge in den Streckwerken verschiedener Spinnereimaschinen. 1. Bericht: Vergleichende Prüfung mit verschiedenen Dickenmeßgeräten

Heft 18:
Wäschereiforschung Krefeld
Grundlagen zur Erfassung der chemischen Schädigung beim Waschen

Heft 19:
Techn.-Wissenschaftl. Büro für die Bastfaserindustrie, Bielefeld
Die Auswirkung des Schlichtens von Leinengarnketten auf den Verarbeitungswirkungsgrad, sowie die Festigkeits- und Dehnungsverhältnisse der Garne und Gewebe

Heft 20:
Techn.-Wissenschaftl. Büro für die Bastfaserindustrie, Bielefeld
Trocknung von Leinengarnen I
Vorgang und Einwirkung auf die Garnqualität

Heft 21:
Techn.-Wissenschaftl. Büro für die Bastfaserindustrie, Bielefeld
Trocknung von Leinengarnen II
Spulenanordnung und Luftführung beim Trocknen von Kreuzspulen

Heft 22:
Techn.-Wissenschaftl. Büro für die Bastfaserindustrie, Bielefeld
Die Reparaturanfälligkeit von Webstühlen

Heft 23:
Institut für Starkstromtechnik, Aachen
Rechnerische und experimentelle Untersuchungen zur Kenntnis der Metadyne als Umformer von konstanter Spannung auf konstanten Strom

Heft 24:
Institut für Starkstromtechnik, Aachen
Vergleich verschiedener Generator-Metadyne-Schaltungen in bezug auf statisches Verhalten

Heft 25:
Gesellschaft für Kohlentechnik mbH., Dortmund-Eving
Struktur der Steinkohlen und Steinkohlen-Kokse

Heft 26:
Techn.-Wissenschaftl. Büro für die Bastfaserindustrie, Bielefeld
Vergleichende Untersuchungen zweier neuzeitlicher Ungleichmäßigkeitsprüfer für Bänder und Garne hinsichtlich Ihrer Eignung für die Bastfaserspinnerei

Heft 27:
Prof. Dr. E. Schratz, Münster
Untersuchungen zur Rentabilität des Arzneipflanzenanbaues
Römische Kamille, Anthemis nobilis L.

Heft: 28:
Prof. Dr. E. Schratz, Münster
Calendula officinalis L.
Studien zur Ernährung, Blütenfüllung und Rentabilität der Drogengewinnung

Heft 29:
Techn.-Wissenschaftl. Büro für die Bastfaserindustrie, Bielefeld
Die Ausnützung der Leinengarne in Geweben

Heft 30:
Gesellschaft für Kohlentechnik mbH., Dortmund-Eving
Kombinierte Entaschung und Verschwelung von Steinkohle; Aufarbeitung von Steinkohlenschlämmen zu verkokbarer oder verschwelbarer Kohle

Heft 31:
Dipl.-Ing. Störmann, Essen
Messung des Leistungsbedarfs von Doppelsteg-Kettenförderern

Heft 32:
Techn.-Wissenschaftl. Büro für die Bastfaserindustrie, Bielefeld
Der Einfluß der Natriumchloridbleiche auf Qualität und Verwebbarkeit von Leinengarnen und die Eigenschaften der Leinengewebe unter besonderer Berücksichtigung des Einsatzes von Schützen- und Spulenwechselautomaten in der Leinenweberei

Heft 33:
Kohlenstoffbiologische Forschungsstation e. V.
Eine Methode zur Bestimmung von Schwefeldioxyd und Schwefelwasserstoff in Rauchgasen und in der Atmosphäre

Heft 34:
Textilforschungsanstalt Krefeld
Quellungs- und Entquellungsvorgänge bei Faserstoffen

Heft 35:
Professor Dr. Wilhelm Kast, Krefeld
Feinstrukturuntersuchungen an künstlichen Zellulosefasern verschiedener Herstellungsverfahren

Heft 36:
Forschungsinstitut der feuerfesten Industrie, Bonn
Untersuchungen über die Trocknung von Rohton. Untersuchungen über die chemische Reinigung von Silika- und Schamotte-Rohstoffen mit chlorhaltigen Gasen

Heft 37:
Forschungsinstitut der feuerfesten Industrie, Bonn
Untersuchungen über den Einfluß der Probenvorbereitung auf die Kaltdruckfestigkeit feuerfester Steine

Heft 38:
Forschungsstelle für Acetylen, Dortmund
Untersuchungen über die Trocknung von Acetylen zur Herstellung von Dissousgas

Heft 39:
Forschungsgesellschaft Blechverarbeitung e. V., Düsseldorf
Untersuchungen an prägegemusterten und vorgelochten Blechen

Heft 40:
Landesgeologe Dr.-Ing. W. Wolff, Amt für Bodenforschung, Krefeld
Untersuchungen über die Anwendbarkeit geophysikalischer Verfahren zur Untersuchung von Spateisengängen im Siegerland

Heft 41:
Techn.-Wissenschaftl. Büro für die Bastfaserindustrie, Bielefeld
Untersuchungsarbeiten zur Verbesserung des Leinenwebstuhles II

Heft 42:
Professor Dr. Burckhardt Helferich, Bonn
Untersuchungen über Wirkstoffe — Fermente — in der Kartoffel und die Möglichkeit ihrer Verwendung

Heft 43:
Forschungsgesellschaft Blechverarbeitung e. V., Düsseldorf
Forschungsergebnisse über das Beizen von Blechen

Heft 44:
Arbeitsgemeinschaft für praktische Dehnungsmessung, Düsseldorf
Eigenschaften und Anwendungen von Dehnungsmeßstreifen

Heft 45:
Losenhausenwerk Düsseldorfer Maschinenbau AG., Düsseldorf
Untersuchungen von störenden Einflüssen auf die Lastgrenzenanzeige von Dauerschwingprüfmaschinen

Heft 46:
Professor Dr. phil. W. Fuchs, Aachen
Untersuchungen über die Aufbereitung von Wasser für die Dampferzeugung in Benson-Kesseln

Heft 47:
Prof. Dr.-Ing. habil. Karl Krekeler, Aachen
Versuche über die Anwendung der induktiven Erwärmung zum Sintern von hochschmelzenden Metallen sowie zur Anlegierung und Vergütung von aufgespritzten Metallschichten mit dem Grundwerkstoff.

Heft 48:
Max-Planck-Institut für Eisenforschung, Düsseldorf
Spektrochemische Analyse der Gefügebestandteile in Stählen nach ihrer Isolierung

Heft 49:
Max-Planck-Institut für Eisenforschung, Düsseldorf
Untersuchungen über Ablauf der Desoxydation und die Bildung von Einschlüssen in Stählen

Heft 50:
Max-Planck-Institut für Eisenforschung, Düsseldorf
Flammenspektralanalytische Untersuchung der Ferritzusammensetzung in Stählen

Heft 51:
Verein zur Förderung von Forschungs- und Entwicklungsarbeiten in der Werkzeugindustrie e. V., Remscheid
Untersuchungen an Kreissägeblättern für Holz, Fehler- und Spannungsprüfverfahren

Heft 52:
Forschungsstelle für Azetylen, Dortmund
Untersuchungen über den Umsatz bei der explosiblen Zersetzung von Azetylen
    a) Zersetzung von gasförmigem Azetylen,
    b) Zersetzung von an Silikagel adsorbiertem Azetylen

Heft 53:
Professor Dr.-Ing. H. Opitz, Aachen
Reibwert- und Verschleißmessungen an Kunststoffgleitführungen für Werkzeugmaschinen

Heft 54:
Professor Dr.-Ing. habil. F. A. F. Schmidt, Aachen
Schaffung von Grundlagen für die Erhöhung der spez. Leistung und Herabsetzung des spez. Brennstoffverbrauches bei Ottomotoren mit Teilbericht über Arbeiten an einem neuen Einspritzverfahren

Heft 55:
Forschungsgesellschaft Blechverarbeitung, Düsseldorf
Chemisches Glänzen von Messing und Neusilber

Heft 56:
Forschungsgesellschaft Blechverarbeitung, Düsseldorf
Untersuchungen über einige Probleme der Behandlung von Blechoberflächen

Heft 57:
Prof. Dr.-Ing. habil. F. A. F. Schmidt, Aachen
Untersuchungen zur Erforschung des Einflusses des chemischen Aufbaues des Kraftstoffes auf sein Verhalten im Motor und in Brennkammern von Gasturbinen.

Heft 58:
Gesellschaft für Kohlentechnik m. b. H., Dortmund
Herstellung und Untersuchung von Steinkohlenschwelteer.

Heft 59:
Forschungsinstitut der Feuerfest-Industrie, Bonn
Ein Schnellanalysenverfahren zur Bestimmung von Aluminiumoxyd, Eisenoxyd und Titanoxyd in feuerfestem Material mittels organischer Farbreagenzien auf photometrischem Wege
Untersuchungen des Alkali-Gehaltes feuerfester Stoffe mit dem Flammenphotometer nach Riehm-Lange

Heft 60:
Forschungsgesellschaft Blechverarbeitung e. V., Düsseldorf
Untersuchungen über das Spritzlackieren im elektrostatischen Hochspannungsfeld

Heft 61:
Verein zur Förderung von Forschungs- und Entwicklungsarbeiten in der Werkzeugindustrie e. V., Remscheid
Schwingungs- und Arbeitsverhalten von Kreissägeblättern für Holz

Heft 62:
Professor Dr. W. Franz, Institut für theoretische Physik der Universität Münster
Berechnung des elektrischen Durchschlags durch feste und flüssige Isolatoren

Heft 63:
Textilforschungsanstalt Krefeld
Neue Methoden zur Untersuchung der Wirkungsweise von Textilhilfsmitteln
Untersuchungen über Schlichtungs- und Entschlichtungsvorgänge

Heft 64:
Textilforschungsanstalt Krefeld
Die Kettenlängenverteilung von hochpolymeren Faserstoffen
Über die fraktionierte Fällung von Polyamiden

Heft 65:
Fachverband Schneidwarenindustrie, Solingen
Untersuchungen über das elektrolytische Polieren von Tafelmesserklingen aus rostfreiem Stahl

Heft 66:
Dr.-Ing. Peter Füsgen VDI †, Düsseldorf
Untersuchungen über das Auftreten des Ratterns bei selbsthemmenden Schneckengetrieben und seine Verhütung

Heft 67:
Heinrich Wösthoff o. H. G., Apparatebau, Bochum
Entwicklung einer chemisch-physikalischen Apparatur zur Bestimmung kleinster Kohlenoxyd-Konzentrationen

Heft 68:
Kohlenstoffbiologische Forschungsstation e. V., Essen
Algengroßkulturen im Sommer 1952
II. Über die unsterile Großkultur von Scenedesmus obliquus

Heft 69:
Wäschereiforschung Krefeld
Bestimmung des Faserabbaues bei Leinen unter besonderer Berücksichtigung der Leinengarnbleiche

Heft 70:
Wäschereiforschung Krefeld
Trocknen von Wäschestoffen

Heft 71:
Prof. Dr.-Ing. K. Leist, Aachen
Kleingasturbinen, insbesondere zum Fahrzeugantrieb

Heft 72:
Prof. Dr.-Ing. K. Leist, Aachen
Beitrag zur Untersuchung von stehenden geraden Turbinengittern mit Hilfe von Druckverteilungsmessungen

Heft 73:
Prof. Dr.-Ing. K. Leist, Aachen
Spannungsoptische Untersuchungen von Turbinenschaufelfüßen

Heft 74:
Max-Planck-Institut für Eisenforschung, Düsseldorf
Versuche zur Klärung des Umwandlungsverhaltens eines sonderkarbidbildenden Chromstahls

Heft 75:
Max-Planck-Institut für Eisenforschung, Düsseldorf
Zeit-Temperatur-Umwandlungs-Schaubilder als Grundlage der Wärmebehandlung der Stähle

Heft 76:
Max-Planck-Institut für Arbeitsphysiologie, Dortmund
Arbeitstechnische und arbeitsphysiologische Rationalisierung von Mauersteinen

Heft 77:
Meteor Apparatebau Paul Schmeck G. m. b. H., Siegen
Entwicklung von Leuchtstoffröhren hoher Leistung

Heft 78:
Forschungsstelle für Acetylen, Dortmund
Über die Zustandsgleichung des gasförmigen Acetylens und das Gleichgewicht Acetylen — Aceton

Heft 79:
Techn.-Wissenschaftl. Büro für die Bastfaserindustrie, Bielefeld
Trocknung von Leinengarnen III
Spinnspulen- und Spinnkopstrocknung
Vorgang und Einwirkung auf die Garnqualität

Heft 80:
Techn.-Wissenschaftl. Büro für die Bastfaserindustrie, Bielefeld
Die Verarbeitung von Leinengarn auf Webstühlen mit und ohne Oberbau

Heft 81:
Prüf- und Forschungsinstitut für Ziegeleierzeugnisse, Essen-Kray
Die Einführung des großformatigen Einheits-Gitterziegels im Lande Nordrhein-Westfalen

Heft 82:
Vereinigte Aluminium-Werke AG., Bonn
Forschungsarbeiten auf dem Gebiet der Veredelung von Aluminium-Oberflächen

Heft 83:
Prof. Dr. S. Strugger, Münster
Über die Struktur der Proplastiden

Heft 84:
Dr. med. habil., Dr. phil. H. Baron, Düsseldorf
Über Standardisierung von Wundtextilien

Heft 85:
Textilforschungsanstalt Krefeld
Physikalische Untersuchungen an Fasern, Fäden, Garnen und Geweben:
Untersuchungen am Knickscheuergerät nach Weltzien

Heft 86:
Professor Dr.-Ing. H. Opitz, Aachen
Untersuchungen über das Fräsen von Baustahl sowie über den Einfluß des Gefüges auf die Zerspanbarkeit

Heft 87:
Gemeinschaftsausschuß Verzinken, Düsseldorf
Untersuchungen über Güte von Verzinkungen

Heft 88:
Gesellschaft für Kohlentechnik mbH., Dortmund-Eving
Oxydation von Steinkohle mit Salpetersäure

Heft 89:
Verein Deutscher Ingenieure, Gleitlagerforschung, Düsseldorf und Prof. Dr.-Ing. G. Vogelpohl, Göttingen
Versuche mit Preßstoff-Lagern für Walzwerke

Heft 90:
Forschungs-Institut der Feuerfest-Industrie, Bonn
Das Verhalten von Silikasteinen im Siemens-Martin-Ofengewölbe

Heft 91:
Forschungs-Institut der Feuerfest-Industrie, Bonn
Untersuchungen des Zusammenhangs zwischen Leistung und Kohlenverbrauch von Kammeröfen zum Brennen von feuerfesten Materialien

Heft 92:
Techn.-Wissenschaftl. Büro für die Bastfaserindustrie, Bielefeld und Laboratorium für textile Meßtechnik, M.-Gladbach
Messungen von Vorgängen am Webstuhl

Heft 93:
Prof. Dr. W. Kast, Krefeld
Spinnversuche zur Strukturerfassung künstlicher Zellulosefasern

Heft 94:
Prof. Dr. phil. habil. G. Winter, Bonn
Die Heilpflanzen des MATTHIOLUS (1611) gegen Infektionen der Harnwege und Verunreinigung der Wunden bzw. zur Förderung der Wundheilung im Lichte der Antibiotikaforschung

Heft 95:
Prof. Dr. phil. habil. G. Winter, Bonn
Untersuchungen über die flüchtigen Antibiotika aus der Kapuziner- (Tropaeolum maius) und Gartenkresse (Lepidium sativum) und ihr Verhalten im menschlichen Körper bei Aufnahme von Kapuziner- bzw. Gartenkressensalat per os

Heft 96:
Dr.-Ing. P. Koch, Dortmund
Austritt von Exoelektronen aus Metalloberflächen unter Berücksichtigung der Verwendung des Effektes für die Materialprüfung

Heft 97:
Ing. H. Stein, M.-Gladbach
Laboratorium für textile Meßtechnik
Untersuchung der Verzugsvorgänge an den Streckwerken verschiedener Spinnereimaschinen
2. Bericht: Ermittlung der Haft-Gleiteigenschaften von Faserbändern und Vorgarnen

Heft 98:
Fachverband Gesenkschmieden, Hagen
Die Arbeitsgenauigkeit beim Gesenkschmieden unter Hämmern

Heft 99:
Prof. Dr.-Ing. G. Garbotz, Aachen
Der Kraft- und Arbeitsaufwand sowie die Leistungen beim Biegen von Bewehrungsstählen in Abhängigkeit von den Abmessungen, den Formen und der Güte der Stähle (Ermittlung von Leistungsrichtlinien)

Heft 100:
Prof. Dr.-Ing. H. Opitz, Aachen
Untersuchungen von elektrischen Antrieben, Steuerungen und Regelungen an Werkzeugmaschinen

Heft 101:
Prof. Dr.-Ing. H. Opitz, Aachen
Wirtschaftlichkeitsbetrachtungen beim Außenrundschleifen

Heft 102:
Dr. phil. habil. P. Hölemann, Ing. R. Hasselmann und Ing. G. Dix, Dortmund
Untersuchungen über die thermische Zündung von explosiblen Azetylenzersetzungen in Kapillaren

Heft 103:
Prof. Dr. phil. W. Weizel, Bonn
Durchführung von experimentellen Untersuchungen über den zeitlichen Ablauf von Funken in komprimierten Edelgasen sowie zu deren mathematischen Berechnung

Heft 104:
Prof. Dr. phil. W. Weizel, Bonn
Über den Einfluß der Elektroden auf die Eigenschaften von Cadmium-Sulfid-Widerstands-Photozellen

Heft 105:
Dr.-Ing. R. Meldau, Harsewinkel/Westf.
Auswertung von Gekörn – Analysen des Musterstaubes „Flugasche Fortuna I"

Heft 106:
ORR. Dr.-Ing. W. Küch, Dortmund
Untersuchungen über die Einwirkung von feuchtigkeitsgesättigter Luft auf die Festigkeit von Leimverbindungen

Heft 107:
Prof. Dr. phil. H. Lange, Köln
Über die Konstruktion von Laboratoriumsmagneten

Heft 108:
Prof. Dr. phil. W. Fuchs, Aachen
Untersuchungen über neue Beizmethoden und Beizabwässer
I. Die Entzunderung von Drähten mit Natriumhydrid
II. Die Aufbereitung von Beizabwässern

Heft 109:
Dr. phil. habil. P. Hölemann und Ing. R. Hasselmann, Dortmund
Untersuchungen über die Löslichkeit von Azetylen in verschiedenen organischen Lösungsmitteln

Heft 110:
Dr. phil. habil. P. Hölemann und Ing. R. Hasselmann, Dortmund
Untersuchungen über den Druckverlauf bei der explosiblen Zersetzung von gasförmigem Azetylen

Heft 111:
Fachverband Steinzeugindustrie, Köln
Die Entwicklung eines Gerätes zur Beschickung seitlicher Feuer von Steinzeug-Einzelkammeröfen mit festen Brennstoffen

Heft 112:
Prof. Dr.-Ing. H. Opitz, Aachen
Verschleißmessungen beim Drehen mit aktivierten Hartmetallwerkzeugen

Heft 113:
Prof. Dr. med. O. Graf, Dortmund
Erforschung der geistigen Ermüdung und nervösen Belastung: Studien über die vegetative 24-Stunden-Rhythmik in Ruhe und unter Belastung

Heft 114:
Prof. Dr. med. O. Graf, Dortmund
Studien über Fließarbeitsprobleme an einer praxisnahen Experimentieranlage

Heft 115:
Prof. Dr. med. O. Graf, Dortmund
Studium über Arbeitspausen in Betrieben bei freier und zeitgebundener Arbeit (Fließarbeit) und ihre Auswirkung auf die Leistungsfähigkeit

Heft 116:
Prof. Dr.-Ing. E. Siebel und Dr.-Ing. H. Weise, Stuttgart
Untersuchungen an einigen Problemen des Tiefziehens – I. Teil

Heft 117:
Dr.-Ing. H. Beißwänger, Stuttgart, und Dr.-Ing. S. Schwandt, Trier
Untersuchungen an einigen Problemen des Tiefziehens – II. Teil

Heft 118:
Prof. Dr. med. E. A. Müller und Dr. med. H. G. Wenzel, Dortmund
Neuartige Klima-Anlage zur Erzeugung ungleicher Luft- und Strahlungstemperaturen in einem Versuchsraum

Heft 119:
Dr.-Ing. O. Viertel, Krefeld
Wäscherei- und energietechnische Untersuchung einer Gemeinschafts-Waschanlage

Heft 120:
Dipl.-Ing. Weisbecker, Lüdenscheid
Über Anfressung an Reinstaluminium-Schweißnähten bei der elektrolytischen Oxydation
Gebr. Hörstermann GmbH., Velbert
Entwicklung und Erprobung eines neuartigen Gummibandförderers

Heft 121:
Dr. rer. nat. H. Krebs, Bonn
I. Die Struktur und die Eigenschaften der Halbmetalle
II. Die Bestimmung der Atomverteilung in amorphen Substanzen
III. Die chemische Bindung in anorganischen Festkörpern und das Entstehen metallischer Eigenschaften

Heft 122:
Prof. Dr. phil. W. Fuchs, Aachen
Untersuchungen zur Verbesserung der Wasseraufbereitung und Wasseranalyse:
Über die Schnellbewertung von Ionenaustauscher

Heft 123:
Dipl.-Ing. J. Emondts, Aachen
Über Bodenverformungen bei stark gestörtem und mächtigem, wasserführendem Deckgebirge im Aachener Steinkohlengebiet

Heft 124:
Prof. Dr. R. Seÿffert, Köln
Wege und Kosten der Distribution der Hausratwaren im Lande Nordrhein-Westfalen

Heft 125:
Prof. Dr. phil. E. Kappler, Münster
Eine neue Methode zur Bestimmung von Kondensations-Keeffizienten von Wasser

Heft 126:
Prof. Dr.-Ing. habil. J. Mathieu, Aachen
Arbeitszeitvergleich
Grundlagen, Methodik und praktische Durchführung

Heft 127:
Güteschutz Betonstein e.V.,
Arbeitskreis Nordrhein-Westfalen, Dortmund
Die Betonwaren-Gütesicherung im
Lande Nordrhein-Westfalen

Heft 128:
Prof. Dr. phil. O. Schmitz-DuMont, Bonn
Untersuchungen über Reaktionen in flüssigem Ammoniak

VERÖFFENTLICHUNGEN DER ARBEITSGEMEINSCHAFT FÜR FORSCHUNG DES LANDES NORDRHEIN-WESTFALEN

Im Auftrage des Ministerpräsidenten Karl Arnold
Herausgegeben von Staatssekretär Prof. Leo Brandt

Heft 1:
Prof. Dr.-Ing. Friedrich Seewald, Technische Hochschule Aachen
Neue Entwicklungen auf dem Gebiete der Antriebsmaschinen
Prof. Dr.-Ing. Friedrich A. F. Schmidt, Technische Hochschule Aachen
Technischer Stand und Zukunftsaussichten der Verbrennungsmaschinen, insbesondere der Gasturbinen
Dr.-Ing. R. Friedrich, Siemens-Schuckert-Werke A.-G., Mülheimer Werk
Möglichkeiten und Voraussetzungen der industriellen Verwertung der Gasturbine

Heft 2:
Prof. Dr.-Ing. Wolfgang Riezler, Universität Bonn
Probleme der Kernphysik
Prof. Dr. phil. Fritz Micheel, Universität Münster,
Isotope als Forschungsmittel in der Chemie und Biochemie

Heft 3:
Prof. Dr. med. Emil Lehnartz, Universität Münster
Der Chemismus der Muskelmaschine
Prof. Dr. med. Gunther Lehmann, Direktor des Max-Planck-Instituts für Arbeitsphysiologie, Dortmund
Physiologische Forschung als Voraussetzung der Bestgestaltung der menschlichen Arbeit
Prof. Dr. Heinrich Kraut, Max-Planck-Institut für Arbeitsphysiologie, Dortmund
Ernährung und Leistungsfähigkeit

Heft 4:
Prof. Dr. Franz Wever, Max-Planck-Institut für Eisenforschung, Düsseldorf
Aufgaben der Eisenforschung
Prof. Dr.-Ing. Hermann Schenck, Technische Hochschule Aachen
Entwicklungslinien des deutschen Eisenhüttenwesens
Prof. Dr.-Ing. Max Haas, Techn. Hochschule Aachen
Wirtschaftliche und technische Bedeutung der Leichtmetalle und ihre Entwicklungsmöglichkeiten

Heft 5:
Prof. Dr. med. Walter Kikuth, Medizinische Akademie Düsseldorf
Virusforschung
Prof. Dr. Rolf Danneel, Universität Bonn
Fortschritte der Krebsforschung
Prof. Dr. med. Dr. phil. W. Schulemann, Univ. Bonn
Wirtschaftliche und organisatorische Gesichtspunkte für die Verbesserung unserer Hochschulforschung

Heft 6:
Prof. Dr. Walter Weizel, Institut für theoretische Physik, Bonn
Die gegenwärtige Situation der Grundlagenforschung in der Physik
Prof. Dr. Siegfried Strugger, Universität Münster
Das Duplikantenproblem in der Biologie
Prof. Dr. Rolf Danneel, Universität Bonn
Über das Verhalten der Mitochondrien bei der Mitose der Mesenchymzellen des Hühner-Embryos
Direktor Dr. Fritz Gummert, Ruhrgas A.-G., Essen
Überlegungen zu den Faktoren Raum und Zeit im biologischen Geschehen und Möglichkeiten einer Nutzanwendung

Heft 7:
Prof. Dr.-Ing. August Götte, Technische Hochschule Aachen
Steinkohle als Rohstoff und Energiequelle
Prof. Dr. e. h. Karl Ziegler, Max-Planck-Institut für Kohlenforschung Mülheim a. d. Ruhr
Über Arbeiten des Max-Planck-Instituts für Kohlenforschung

Heft 8:
Prof. Dr.-Ing. Wilhelm Fucks, Technische Hochschule Aachen
Die Naturwissenschaft, die Technik und der Mensch
Prof. Dr. sc. pol. Walther Hoffmann, Universität Münster
Wirtschaftliche und soziologische Probleme des technischen Fortschritts

Heft 9:
Prof. Dr.-Ing. Franz Bollenrath, Technische Hochschule Aachen
Zur Entwicklung warmfester Werkstoffe
Dr. Heinrich Kaiser, Staatl. Materialprüfungsamt Dortmund
Stand spektralanalytischer Prüfverfahren und Folgerung für deutsche Verhältnisse

Heft 10:
Prof. Dr. Hans Braun, Universität Bonn
Möglichkeiten und Grenzen der Resistenzzüchtung
Prof. Dr.-Ing. Carl Heinrich Dencker, Universität Bonn
Der Weg der Landwirtschaft von der Energieautarkie zur Fremdenergie

Heft 11:
Prof. Dr.-Ing. Herwart Opitz, Technische Hochschule Aachen
Entwicklungslinien der Fertigungstechnik in der Metallbearbeitung
Prof. Dr.-Ing. Karl Krekeler, Technische Hochschule Aachen
Stand und Aussichten der schweißtechnischen Fertigungsverfahren

Heft: 12
Dr. Hermann Rathert, Mitglied des Vorstandes der Vereinigten Glanzstoff-Fabriken A.-G., Wuppertal-Elberfeld
Entwicklung auf dem Gebiet der Chemiefaser-Herstellung
Prof. Dr. Wilhelm Weltzien, Direktor der Textilforschungsanstalt Krefeld
Rohstoff und Veredlung in der Textilwirtschaft

Heft: 13
Dr.-Ing. e. h. Karl Herz, Chefingenieur im Bundesministerium für das Post- und Fernmeldewesen Frankfurt a. Main
Die technischen Entwicklungstendenzen im elektrischen Nachrichtenwesen
Ministerialdirektor Dipl.-Ing. Leo Brandt, Düsseldorf
Navigation und Luftsicherung

Heft 14:
Prof. Dr. Burckhardt Helferich, Universität Bonn
Stand der Enzymchemie und ihre Bedeutung
Prof. Dr. med. Hugo W. Knipping, Direktor der Med. Universitätsklinik Köln
Ausschnitt aus der klinischen Carcinomforschung am Beispiel des Lungenkrebses

Heft 15:
Prof. Dr. Abraham Esau, Technische Hochschule Aachen
Die Bedeutung von Wellenimpulsverfahren in Technik und Natur
Prof. Dr.-Ing. Eugen Flegler, Technische Hochschule Aachen
Die ferromagnetischen Werkstoffe in der Elektrotechnik und ihre neueste Entwicklung

Heft 16:
Prof. Dr. rer. pol. Rudolf Seyffert, Universität Köln
Die Problematik der Distribution
Prof. Dr. rer. pol. Theodor Beste, Universität Köln
Der Leistungslohn

Heft 17:
Prof. Dr.-Ing. Friedrich Seewald, Technische Hochschule Aachen
Die Flugtechnik und ihre Bedeutung für den allgemeinen technischen Fortschritt
Prof. Dr.-Ing. Edouard Houdremont, Essen
Art und Organisation der Forschung in einem Industriekonzern

Heft 18:
Prof. Dr. med. Dr. phil. W. Schulemann, Universität Bonn
Theorie und Praxis pharmakologischer Forschung
Prof. Dr. Wilhelm Groth, Direktor des Physikalisch-Chemischen Instituts, Universität Bonn
Technische Verfahren zur Isotopentrennung

Heft 19:
Dipl.-Ing. Kurt Traenckner, Stellvertr. Vorstandsmitglied der Ruhrgas-A.G., Essen
Entwicklungstendenzen der Gaserzeugung

Heft 20:
M. Zvegintzov
Wissenschaftliche Forschung und die Auswertung ihrer Ergebnisse. Ziel und Tätigkeit der National Research Development Corporation
Dr. Alexander King, Department of Scientific & Industrial Research, London
Wissenschaft und internationale Beziehungen

Heft 21:
Prof. Dr. phil. Robert Schwarz, Aachen
Wesen und Bedeutung der Silicium-Chemie
Prof. Dr. Kurt Alder, Universität Köln
Fortschritte in der Synthese von Kohlenstoffverbindungen

Heft 21 a
Jahresfeier der Arbeitsgemeinschaft für Forschung des Landes Nordrhein-Westfalen am 21. 5. 1952 in Düsseldorf mit Ansprachen des Herrn Bundespräsidenten Professor Dr. Theodor Heuss, des Herrn Ministerpräsidenten Arnold, Frau Kultusminister Teusch, der Herren Professor Dr. Hahn, Professor Dr. Strugger, Vizepräsident Dobbert, Professor Dr. Richter, Professor Dr. Fucks.

Heft 22:
Prof. Dr. Johannes von Allesch, Universität Göttingen
Die Bedeutung der Psychologie im öffentlichen Leben
Prof. Dr. med. Otto Graf, Max-Planck-Institut für Arbeitsphysiologie, Dortmund
Triebfedern menschlicher Leistung

Heft 23:
Prof. Dr. phil. Dr. jur. h. c. Bruno Kuske, Universität Köln
Probleme der Raumforschung
Prof. Dr. Dr.-Ing. e. h. Prager
Städtebau und Landesplanung

Heft 24:
Prof. Dr. Rolf Danneel, Universität Bonn
Über die Wirkungsweise der Erbfaktoren
Prof. Dr. K. Herzog, Medizinische Akademie Düsseldorf
Bewegungsbedarf der menschlichen Gliedmaßengelenke bei der Berufsarbeit

Heft 25:
Prof. Dr. O. Haxel, Heidelberg
Energiegewinnung aus Kernprozessen
Dr. Dr. Max Wolf, Düsseldorf
Gegenwartsprobleme der energiewirtschaftlichen Forschung

Heft 26:
Prof. Dr. Friedrich Becker, Universität Bonn
Ultrakurzwellen aus dem Weltraum, ein neues Forschungsgebiet der Astronomie
Dozent Dr. H. Straßl, Bonn
Bemerkenswerte Doppelsterne und das Problem der Sternentwicklung

Heft 27:
Prof. Dr. Heinrich Behnke, Universität Münster
Der Strukturwandel der Mathematik in der ersten Hälfte des 20. Jahrhunderts
Prof. Dr. E. Sperner, Bonn
Eine mathematische Analyse der Luftdruckverteilungen in großen Gebieten

Heft 28:
Prof. Dr. O. Niemczyk, Aachen
Die Problematik gebirgsmechanischer Vorgänge im Steinkohlenbergbau
Prof. Dr. W. Ahrens, Krefeld
Die Bedeutung geologischer Forschung für die Wirtschaft, besonders in Nordrhein-Westfalen

Heft 29:
Prof. Dr. B. Rensch, Münster
Das Problem der Residuen bei Lernleistungen
Prof. Dr. H. Fink, Köln
Über Leberschäden bei der Bestimmung des biologischen Wertes verschiedener Eiweiße von Mikroorganismen

Heft 30:
Prof. Dr.-Ing. F. Seewald, Aachen
Forschungen auf dem Gebiete der Aerodynamik
Prof. Dr.-Ing. K. Leist, Aachen
Forschungen in der Gasturbinentechnik

Heft 31:
Direktor Dr. F. Mietzsch, Wuppertal
Chemie und wirtschaftliche Bedeutung der Sulfonamide
Prof. Dr. G. Domagk, Wuppertal
Die experimentellen Grundlagen der Chemotherapie der bakteriellen Infektionen

Heft 32:
Prof. Dr. Hans Braun, Universität Bonn
Die Verschleppung von Pflanzenkrankheiten und -schädlingen über die Welt
Prof. Dr. Wilhelm Rudorf, Max-Planck-Institut für Züchtungsforschung, Voldagsen
Der Beitrag von Genetik und Züchtung zur Bekämpfung von Viruskrankheiten der Nutzpflanzen

Heft 33:
Prof. Dr.-Ing. V. Aschoff, Aachen
Probleme der elektroakustischen Einkanalübertragung
Prof. Dr.-Ing. H. Döring, Aachen
Erzeugung und Verstärkung von Mikrowellen

Heft 34:
Geheimrat Prof. Dr. Rudolf Schenck, Aachen
Bedingungen und Gang der Kohlenhydratsynthese im Licht
Prof. Dr. Emil Lehnartz, Universität Münster
Die Endstufen des Stoffabbaus im Organismus

Heft 35:
Prof. Dr.-Ing. H. Schenk, Aachen
Gegenwartsprobleme der Eisenindustrie in Deutschland
Prof. Dr.-Ing. E. Piwowarsky, Aachen
Gelöste und ungelöste Probleme des Gießereiwesens

Heft 36:
Prof. Dr. W. Riezler, Bonn
Teilchenbeschleuniger
Prof. Dr. med. G. Schubert, Hamburg
Anwendung neuer Strahlenquellen in der Krebstherapie

Heft 37:
Prof. Dr. F. Lotze, Münster
Probleme der Gebirgsbildung
Bergwerksdirektor Bergassessor a. D. Rauschenbach, Essen
Die Erhaltung der Förderungskapazität des Ruhrbergbaues auf lange Sicht

Heft 38:
Dr. E. C. Cherry, D. Sc., A.M.I.E.E., London
Cybernetics
Prof. Dr. E. Pietsch, Clausthal-Zellerfeld
Dokumentation und mechanisches Gedächtnis — zur Frage der Ökonomie der geistigen Arbeit

Heft 39:
Dr. H. Haase, Hamburg
Infrarot und seine technischen Anwendungen
Prof. Dr. A. Esau, Aachen
Die Bedeutung des Ultraschalls für technische Anwendungsgebiete

Heft 40:
Bergassessor F. Lange, Bochum-Hordel
Die wissenschaftliche und soziale Bedeutung der Silikose im Bergbau
Prof. Dr. W. Kikuth, Düsseldorf
Die Entstehung der Silikose und ihre Verbreitungsmaßnahmen

Heft 40a:
Prof. Dr. E. Groß, Bonn
Berufskrebs und Krebsforschung
Prof. Dr. H. W. Knipping, Köln
Die Situation der Krebsforschung vom Standpunkt der Klinik und des praktischen Arztes

Heft 41:
Dr.-Ing. G. V. Lachmann, Teddington
An einer neuen Entwicklungsschwelle im Flugzeugbau
Dr. A. Gerber, Zürich
Stand der Entwicklung der Raketen- und Lenktechnik

Heft 42:
Prof. Dr. Theodor Kraus, Köln
Lokalisationsphänomene und Raumordnung vom Standpunkt der geographischen Wissenschaft
Direktor Dr. Fritz Gummert, Essen
Vom Ernährungsversuchsfeld der Kohlenstoffbiologischen Forschungsstation Essen (Ein 6 Jahre lang

durchgeführter Versuch, einen Menschen aus dem Ertrag von 1250 qm zu ernähren).

Heft 43:
Prof. Giovanni Lampariello, Rom
Über Leben und Werk von Heinrich Hertz
Prof. Dr. Walter Weizel, Bonn
Über das Problem der Kausalität in der Physik

Heft 44:
Prof. Dr. Burckhardt Helferich, Bonn
Über Glykoside
Prof. Dr. Fritz Micheel, Münster
Kohlenhydrat-Eiweißverbindungen und ihre biochemische Bedeutung

Heft 45:
Prof. Dr. John von Neumann, Princeton/USA
Entwicklung und Ausnutzung neuerer mathematischer Maschinen
Prof. Dr. E. Stiefel, Zürich
Rechenautomaten im Dienste der Technik mit Beispielen aus dem Züricher Institut für angewandte Mathematik

Geisteswissenschaften

Heft 1:
Prof. Dr. W. Richter, Bonn,
Die Bedeutung der Geisteswissenschaften für die Bildung unserer Zeit
Prof. Dr. J. Ritter, Münster,
Die aristotelische Lehre vom Ursprung und Sinn der Theorie

Heft 2:
Prof. Dr. J. Kroll, Köln,
Elysium
Prof. Dr. G. Jachmann, Köln,
Die vierte Ekloge Vergils

Heft 3:
Prof. Dr. H. E. Stier, Münster,
Die klassische Demokratie

Heft 4:
Prof. Dr. W. Caskel, Köln,
Lihjan und Lihjanisch. Sprache und Kultur eines früharabischen Königreiches

Heft 5:
Prof. Dr. Th. Ohm, Münster,
Stammesreligionen im südlichen Tanganyika-Territorium. — Religionswissenschaftliche Ergebnisse meiner Ostafrikareise 1951

Heft 6:
Prälat Prof. Dr. G. Schreiber, Münster,
Deutsche Wissenschaftspolitik von Bismarck bis zum Atomphysiker Otto Hahn

Heft 7:
Prof. Dr. W. Holtzmann, Bonn,
Das mittelalterliche Imperium und die werdenden Nationen

Heft 8:
Prof. Dr. W. Caskel, Köln,
Die Bedeutung der Beduinen in der Geschichte der Araber

Heft 9:
Prälat Prof. Dr. Georg Schreiber, Münster
Iroschottische Motive im abendländischen Sakralraum

Heft 10:
Prof. Dr. P. Rassow, Köln,
Forschungen zur Reichsidee im 16. und 17. Jahrhundert

Heft 11:
Prof. Dr. H. E. Stier, Münster,
Roms Aufstieg zur Weltherrschaft

Heft 12:
Prof. Dr. D. K. H. Rengstorf, Münster,
Zum Problem der Gleichberechtigung zwischen Mann und Frau auf dem Boden des Urchristentums
Prof. Dr. H. Conrad, Bonn,
Grundprobleme einer Reform des Familienrechts

Heft 13:
Professor Dr. Max Braubach, Bonn,
Der Weg zum 20. Juli 1944 — Ein Forschungsbericht

Heft 14:
Prof. Dr. Paul Hübinger, Münster
Das deutsch-französische Verhältnis und seine mittelalterlichen Grundlagen

Heft 15:
Prof. Dr. Franz Steinbach, Bonn,
Der geschichtliche Weg des wirtschaftenden Menschen in die soziale Freiheit und politische Verantwortung

Heft 16:
Prof. Dr. Josef Koch, Köln,
Die Ars coniecturalis des Nikolaus von Cues

Heft 17:
Dr. James B. Conant,
U.S.-Hochkommissar für Deutschland,
Staatsbürger und Wissenschaftler
Prof. Dr. D. Karl Heinrich Rengstorf, Münster,
Antike und Christentum

Heft 18:
Prof. Dr. Richard Alewyn, Köln,
Klopstocks Publikum

Heft 19:
Prof. Dr. Fritz Schalk, Köln,
Das Lächerliche in der französischen Literatur des Ancien Régime

Heft 20:
Prof. Dr. Ludwig Raiser, Bad Godesberg,
Präsident der Deutschen Forschungsgemeinschaft
Rechtsfragen der Mitbestimmung

Heft 21:
Prof. D. Martin Noth, Bonn,
Das Geschichtsverständnis der alttestamentlichen Apokalyptik

Heft 22:
Prof. Dr. Walter F. Schirmer, Bonn
Glück und Ende der Könige in Shakespeares Historien

Heft 23:
Prof. Dr. Günther Jachmann, Köln
Der homerische Schiffskatalog und die Ilias

Heft 24:
Prof. Dr. Theodor Klauser, Bonn
Die römischen Petrustraditionen im Lichte der neuen Ausgrabungen unter der Peterskirche

Heft 25:
Prof. Dr. Hans Peters, Köln
Der Grundsatz der Gewaltentrennung in heutiger Sicht

Heft 26:
Prof. Dr. Fritz Schalk, Köln
Calderon und die Mythologie

Heft 27:
Prof. Dr. Josef Kroll, Köln
Vom Leben Geflügelter Worte

Heft 28:
Prof. Dr. Thomas Ohm
Die Religionen in Asien

Heft 29:
Prof. Dr. Leo Weisgerber, Bonn
Die Ordnung der Sprache im persönlichen und öffentlichen Leben

Heft 30:
Prof. Dr. Werner Caskel, Köln
Entdeckungen in Arabien

Heft 31:
Prof. Dr. Max Braubach, Bonn
Entstehung und Entwicklung der landesgeschichtlichen Bestrebungen und historischen Vereine im Rheinland

Heft 32:
Prof. Dr. Fritz Schalk, Köln
Somnium und verwandte Wörter in den romanischen Sprachen

MIX
Papier aus verantwortungsvollen Quellen
Paper from responsible sources
FSC® C105338

If you have any concerns about our products,
you can contact us on
ProductSafety@springernature.com

In case Publisher is established outside the EU,
the EU authorized representative is:
**Springer Nature Customer Service Center GmbH
Europaplatz 3, 69115 Heidelberg, Germany**

Printed by Libri Plureos GmbH
in Hamburg, Germany